"十二五"国家重点图书

新能源与建筑一体化技术丛书

光伏建筑一体化工程

Engineering Projects of Building-Integrated Photovoltaics

杨洪兴 ◎ 著

中国建筑工业出版社

图书在版编目（CIP）数据

光伏建筑一体化工程／杨洪兴著．—北京：中国建筑工业出版社，2012.3（2023.1重印）
“十二五”国家重点图书．新能源与建筑一体化技术丛书
ISBN 978-7-112-13985-9

Ⅰ．①光…　Ⅱ．①杨…　Ⅲ．①太阳能发电－应用－建筑工程－研究　Ⅳ．①TU

中国版本图书馆CIP数据核字（2012）第012661号

责任编辑：张文胜　姚荣华
责任设计：李志立
责任校对：肖　剑　赵　颖

“十二五”国家重点图书
新能源与建筑一体化技术丛书
光伏建筑一体化工程
杨洪兴○著
*
中国建筑工业出版社出版、发行（北京西郊百万庄）
各地新华书店、建筑书店经销
霸州市顺浩图文科技发展有限公司制版
北京建筑工业印刷厂印刷
*
开本：787×1092毫米　1/16　印张：8¾　字数：212千字
2012年5月第一版　2023年1月第九次印刷
定价：**28.00**元
ISBN 978-7-112-13985-9
（22015）

出版说明

能源是我国经济社会发展的基础。“十二五”期间我国经济结构战略性调整将迈出更大步伐，迈向更宽广的领域。作为重要基础的能源产业在其中无疑会扮演举足轻重的角色。而当前能源需求快速增长和节能减排指标的迅速提高不仅是经济社会发展的双重压力，更是新能源发展的巨大动力。建筑能源消耗在全社会能源消耗中占有很大比重，新能源与建筑的结合是建设领域实施节能减排战略的重要手段，是落实科学发展观的具体体现，也是实现建设领域可持续发展的必由之路。

“十二五”期间，国家将加大对新能源领域的支持力度。为贯彻落实国家“十二五”能源发展规划和“新兴能源产业发展规划”，实现建设领域“十二五”节能减排目标，并对今后的建设领域节能减排工作提供技术支持，特组织编写了“新能源与建筑一体化技术丛书”。本丛书由业内众多知名专家编写，内容既涵盖了低碳城市的区域建筑能源规划等宏观技术，又包括太阳能、风能、地热能、水能等新能源与建筑一体化的单项技术，体现了新能源与建筑一体化的最新研究成果和实践经验。

本套丛书注重理论与实践的结合，突出实用性，强调可读性。书中首先介绍新能源技术，以便读者更好地理解、掌握相关理论知识；然后详细论述新能源技术与建筑物的结合，并用典型的工程实例加以说明，以便读者借鉴相关工程经验，快速掌握新能源技术与建筑物相结合的实用技术。

本套丛书可供能源领域、建筑领域的工程技术研究人员、设计工程师、施工技术人员等参考，也可作为高等学校能源专业、土木建筑专业的教材。

中国建筑工业出版社

2011 年 2 月

前　言

众所周知，能源问题已成为制约社会发展的重要因素。长期以来，我国建筑节能的观念较为淡薄，现有建筑的不节能以及大量高耗能建筑的兴建使得建筑能耗一直在社会总能耗中占据较大比例。随着我国社会经济的继续发展和人民生活水平的不断提高，这个比例还会不断增长，因此减少建筑能耗显得尤为迫切。

我国太阳能资源丰富，开发利用太阳能对调整能源结构、节能减排意义重大。近年来，在政府的大力扶持下，太阳能光伏发电已应用于我们生活的各个方面。将光伏发电巧妙地融入到建筑中，即所谓光伏建筑一体化（Building-integrated photovoltaic，BIPV），不仅为光伏技术开辟了新的应用领域，而且可以真正地减少建筑能耗，达到建筑节能的目的。

光伏建筑一体化是城市里发展光伏发电技术的最好方式。光伏系统可以安装在建筑物的屋顶或外墙上，作为建筑外围护结构。光伏组件可以和建材相结合，衍生出新型结构和功能的建材，如太阳能瓦、光伏玻璃幕墙、遮阳篷、采光顶、光伏窗和护栏等节能建材。这样光伏组件在利用太阳能发电的同时，还作为建筑的一部分满足建筑的基本功能要求。光伏发电本身无噪声、无污染、无二氧化碳排放，维修费用很低。而光伏与建筑的结合可以减少对常规电力消耗，补偿建筑物高峰用电负荷，降低建筑物的冷负荷。

在光伏建筑一体化领域，德国、美国、日本等发达国家早已进行了前期探索，积累了丰富的经验。在我国，《可再生能源法》的颁布和实施为太阳能利用产业的发展提供了政策保障。我国能源战略的调整，使得政府加大对可再生能源发展的支持力度，这些都为我国太阳能利用产业的发展带来极大的机会。2009 年 3 月 23 日，财政部、住房和城乡建设部联合出台《关于加快推进太阳能光电建筑应用的实施意见》，决定开展光伏建筑应用示范，实施“太阳能屋顶计划”，并颁布了《太阳能光电建筑应用财政补助资金管理暂行办法》，决定有条件地对部分光伏建筑进行每瓦最多 20 元的补贴。特别值得注意的是，这两个文件是专门针对光伏建筑一体化的补贴政策，不与建筑结合利用的光伏电站则不在该补贴范围之列。从这个角度上讲，国家给予了光伏建筑一体化足够的重视，极大地肯定了光伏建筑这一利用形式，无疑为我国光伏建筑一体化的发展创造了良好的政策环境。我国可以借鉴境外成功的经验，结合国内实际情况，走出一条适合自己的道路。我们有理由相信，随着光伏技术和建筑制造业的发展，随着光伏建筑设计的进步，光伏建筑一体化一定会展现出强劲的发展势头，为全社会营造一个良好的建筑节能氛围。

本书图文并茂，通俗易懂，强调实用，内容涵盖了光伏建筑一体化的基本知识、系统设计方法、工程招标验收、案例分析、经济性分析及政策解读等。书中提供了多个国内外光伏建筑的经典工程案例，并且有针对性地做了详细介绍，内容丰富详实，目的是让读者更加直观地认识光伏建筑一体化，直接感受它的独特魅力。

本书由杨洪兴教授编著，其领导的可再生能源研究小组成员吕琳、周伟、韩俊、李洪、满意、孙亮亮、马金花、周惠、王昆、曾汉威、陈曦和罗伊默等，均参与了收集资料或部分编写工作。我们希望此书能够为光伏建筑一体化的推广普及起到积极的促进作用，推动我国建筑节能的发展，为我国可持续城市化发展贡献一点力量。

2011 年 11 月

目　录

第1章　光伏建筑一体化系统的概念

1.1　光伏建筑的概念

1.1.1　光伏建筑的概念和发展概况

光伏建筑是利用太阳能发电的一种新形式，通过将太阳能电池安装在建筑的围护结构外表面或直接取代外围护结构来提供电力，是太阳能光伏系统与现代建筑的完美结合。

光伏地面系统最初只用于偏僻无电网地区，如游牧地区、孤岛等。直到20世纪80年代末90年代初，光伏地面系统逐渐流行，开始应用于一些独立用户、联网用户和商业建筑中。1991年，世界能源组织（IEA）提出了光伏建筑的具体概念，意味着光伏发电进入了在城市大规模应用的阶段。尤其是20世纪90年代后半期，常规能源的日益枯竭、人类环境意识的日益增强和逐步完善的法规政策，都促进了光伏产业进入了快速发展时期。一些发达国家都将光伏建筑作为重点项目积极推进。例如实施和推广太阳能屋顶计划，比较著名的有德国的“十万屋顶计划”、美国的“百万屋顶计划”以及日本的新阳光规划等。

德国是太阳能发展速度最快的国家。早在1999年，德国政府就开始大范围实施“十万屋顶计划”，要求在2003年年底完成安装十万套光伏屋顶系统，实现总发电容量300MW的目标，并在计划时间之前就完成了这一目标。光伏建筑在美国和日本也得到了很大的发展。美国政府的“百万太阳能光伏发电屋顶计划”提出在2001年前为100万个家庭每户安装3～5kW太阳能光伏发电屋顶。日本政府2000年推出“新阳光规划”，对光伏屋顶系统实行强有力的补贴政策，使得其居民光伏屋顶系统数量最近5年都保持着平均年增长率96.7%的速度，而日本也成为目前世界光伏发电的最大市场。

我国光伏建筑的开发与应用也取得了很大的发展。“九五”期间，我国在深圳和北京分别成功建成170kW和7kW的光伏发电屋顶并实现并网发电。“十五”和“十一五”期间，北京、上海、武汉、广州和深圳等地相继建成了多个光伏建筑一体化工程，如北京火车南站、北京首都博物馆、武汉日新科技有限公司厂区、深圳国际花卉博览园、上海市崇明县太阳能光伏电站、青岛火车站、广州凤凰城高档别墅、海南三亚瑞亚国际公寓等。目前，香港地区已建成的光伏建筑一体化系统的安装容量接近2MW，这些系统分别坐落在香港理工大学校园、多个特区政府示范工程、竹篙湾消防站和警察分局、机电工程署、圣保罗小学、马湾仔小学和尖沙嘴商业区环保大厦等地。

1.1.2　光伏建筑的优越性

光伏发电本身具有很多独特的优点，如清洁、无污染、无噪声、无需消耗燃料等。从建筑学、光伏技术和经济学等方面来分析，光伏发电和建筑相结合具有如下优点：

（1）我国建筑能耗约占社会总能耗的30%，而香港特区的建筑能耗则是社会总能耗的50%。如果把太阳能光伏发电技术与城市建筑相结合，实现光伏建筑一体化，可有效地减少城市建筑物的常规能源消耗。

（2）可就地发电、就近使用，一定范围内减少了电力运输过程产生的费用。

（3）有效利用建筑物的外表面积，不需占用额外地面空间，节省了土地资源。

（4）利用建筑物的外围护结构作为支撑，或直接代替外围护结构，不需要为光伏组件提供额外的支撑结构，减少了部分建筑材料费用。

（5）由于光伏阵列一般安装在屋顶，或朝南的外墙上，直接吸收太阳能，避免了屋顶温度和墙面温度过高，降低了空调负荷，并改善了室内环境。

（6）白天是城市用电高峰期，利用此时充足的太阳辐射，光伏系统除提供自身建筑内用电外，还可以向电网供电，缓解高峰电力需求，解决电网峰谷供需矛盾，具有极大的社会效益和经济效益。

（7）使用光伏组件作为新型建筑围护材料，给建材选择带来全新体验，增加了建筑物的美观，令人赏心悦目。

（8）光伏发电没有噪声，没有污染物排放，不消耗任何燃料，安装在建筑的表面，不会给人们的生活带来任何不便，是光伏发电系统在城市中广泛应用的最佳安装方式，集中体现了绿色环保概念。

（9）利用清洁的太阳能，避免了使用传统化石燃料带来的温室效应和空气污染，对人类社会的可持续发展意义重大。

1.1.3 光伏建筑基本要求

光伏器件用作建材必须具备坚固耐用、保温隔热、防水防潮等特点。此外，还要考虑安全性能、外观和施工简便等因素。下面结合光伏建筑的特殊性，对用作建材的光伏器件进行分析。

（1）建筑对光伏组件的力学要求

光伏组件用作建筑的外围护结构，为满足建筑的安全性需要，其必须具备一定的抗风压和抗冲击能力，这些力学性能要求通常要高于普通的光伏组件。例如光伏幕墙组件，除了要满足普通光伏组件的性能要求外，还要满足幕墙的实验要求和建筑物安全性能要求。

（2）光伏建筑物的美学要求

不同类型的光伏组件在外观上有很大差别，如单晶组件为均一的蓝色，而多晶组件由于晶粒取向不同，看上去带有纹理，非晶组件则为棕色，有透明和不透明两种。此外，组件尺寸和边框（如明框和隐框、金属边框和木质、塑料边框等）也各有不同，这些都会在视觉上给人以不同的效果。与建筑集成的光伏阵列的比例与尺度必须与建筑整体的比例和尺度相吻合，达到视觉上的协调，与建筑风格一致。如能将光伏组件很好地融入建筑，不仅能丰富建筑设计，还能增加建筑物的美感，提升建筑物的品位。

（3）电学性能相匹配

在设计光伏建筑时，要考虑光伏组件本身的电压、电流是否适合光伏系统的设备选型。比如，在光伏外墙设计中，为了达到一定的艺术效果，建筑物的立面会由一些大小、形状不一的几何图形构成，这样就会造成各组件间的电压、电流不匹配，最终影响系统的整体性能。此时需要对建筑立面进行调整分隔，使光伏组件接近标准组件的电学性能。

（4）光伏组件对通风的要求

不同材料的太阳能电池对温度的敏感程度不同，目前市场上使用最多的仍是晶体硅太阳能电池，而晶体硅太阳能电池的效率会随着温度的升高而降低，因此如果有条件应采用通风降温。相对于晶体硅太阳能电池，温度对非晶硅太阳能电池效率的影响较弱，对于通风的要求可降低。就用于幕墙系统的光伏组件而言，目前市场上已经出现了各种不同类型的通风光伏幕墙组件，如自然通风式光伏幕墙、机械通风式光伏幕墙、混合式通风幕墙等。它们具有通风换气、隔热隔声、节能环保等优点，改善了光伏建筑一体化组件的散热情况，降低了电池片温度以及组件的效率损失。

（5）建筑隔热、隔声要求

普通光伏组件的厚度一般只有 4mm，隔热、隔声效果差。普通光伏组件如不做任何处理直接用作玻璃幕墙，不仅会增加建筑的冷负荷或热负荷，还不能满足隔声的要求。这时可以将普通光伏组件做成中空的 Low-E 玻璃形式。由于中间有一空气层，既能够隔热又能隔声，起到双重作用。此外，大部分光伏玻璃幕墙都有额外的保温层设计，如使用岩棉或聚苯乙烯做保温层等。

（6）建筑对光伏组件表面反光性能要求

有别于前述的建筑美学要求，建筑对光伏组件具有特殊的颜色要求。当光伏组件作为南立面的幕墙或天窗时，考虑到电池板的反光而造成光污染的现象，对太阳能电池的颜色和反光性提出要求。对于晶体硅太阳能电池，可以采用绒面的办法将其表面变成黑色或在蒸镀减反射膜时通过调节减反射膜的成分结构等来改变太阳能电池表面的颜色。此外，通过改变组件的封装材料也可以改变太阳能电池的反光性能，如封装材料布纹超白钢化玻璃和光面超白钢化玻璃的光学性能就不同。

（7）建筑对光伏组件采光的要求

光伏组件用于窗户、天窗时，需具有一定的透光性。选择透明玻璃作为衬底和封装材料的非晶硅太阳能电池呈茶色透明状，透光好而且投影均匀柔和。但对于本身不透光的晶体硅太阳能电池，只能将组件用双层玻璃封装，通过调整电池片之间的空隙或在电池片上穿孔来调整透光量。

（8）组件要方便安装与维护

由于与建筑相结合，光伏建筑组件的安装比普通组件的安装难度更大、要求更高。一般将光伏组件做成方便安装和拆卸的单元式结构，以提高安装精度。此外，考虑到太阳能电池的使用寿命可达 20～30 年，在设计中要考虑到使用过程中的维修和扩容，在保证系统的局部维修方便的同时，不影响整个系统的正常运行。

（9）光伏组件寿命要求

光伏组件由于种种原因不能达到与建筑相同的使用寿命，所以研究各种材料尽量延长光伏组件的寿命十分重要，例如光伏组件的封装材料。如使用 EVA 材料，其使用寿命不超过 50 年。而 PVB（聚乙烯醇缩丁醛）膜具有透明、耐热、耐寒、耐湿、机械强度高、粘结性能好等特性，并已经成功地应用于制作建筑用夹层玻璃。BIPV 光伏组件如能采用 PVB 代替 EVA 能有效延长使用寿命。我国关于玻璃幕墙的规范也明确提出了“应用 PVB”的规定。但目前掌握这一技术的厂商并不多，还有很多技术上的难题有待解决。

1.1.4 光伏建筑设计原则与步骤

光伏建筑不是简单地将光伏板堆砌在建筑上。它既要节能环保又要保证安全美观的总体要求。由于光伏系统的渗透应用，建筑设计之初就需要将光伏发电系统纳入到建筑整体规划中，将其作为不可或缺的设计元素，例如从建筑选址、建筑朝向、建筑形式等方面考虑如何能够使光伏系统更好地发挥能效。特别需要注意的是光伏建筑的主体仍是建筑，光伏系统的设计应以不影响和损害建筑效果、结构安全、功能和使用寿命为基本原则，任何对建筑本身产生损害和不良影响的设计都是不合格的。建筑与光伏发电一体化是艺术与科学的综合，我们所要寻找的是两者之间的一个平衡点，使光伏与建筑相得益彰。

从一体化的设计、一体化制造和一体化安装的核心理念出发，光伏建筑一体化的设计通常可按如下步骤进行：

(1) 建筑初级规划

光伏建筑的设计首先要分析建筑物所在地的气候条件和太阳能资源，这是决定是否应用太阳能光伏发电技术的先决条件；其次是考虑建筑物的周边环境条件，即镶嵌光伏板的建筑部分接收太阳能的具体条件，保证光伏阵列能最大限度地接收太阳光，而不会被其他障碍物遮挡，如周围建筑或树木等，特别是在正午前后3h的时间段内。如果条件不满足则也不适合选用光伏建筑一体化应用。

(2) 全面评估建筑用能需求，辅以各种节能技术，力求最大节能效益

光伏建筑一体化的目的是要减少建筑对常规能量的需求，如公共电网电能，以实现节能的目的。因此在设计过程中要考虑建筑负载情况和能量需求，首先应使用常见的节能技术，不节能的光伏一体化建筑是不可取的。这就需要综合多学科的一体化设计理念，比如通过改进建筑外墙，减少能量损耗；通过透明围护结构，实现自然采光；通过自然通风设计，减少对空调的依赖；使用低能耗电器，减少耗电量，等等。全面评估建筑用电需求，采用绿色技术与环境友好的设备将其降至最低，这样建筑运行成本将会得到有效控制，光伏发电在整个供电量中所占的比例达到最大，使得该建筑成为真正的节能建筑，即低能耗建筑。

(3) 将光伏融入建筑设计

将光伏发电纳入建筑设计的全过程，在与建筑外在风格协调的条件下考虑在建筑的不同结构中巧妙地嵌入光伏发电系统，如天窗、遮阳篷和幕墙等。使建筑更富生机，体现出盎然的绿色理念。

(4) 系统设计

光伏建筑一体化要根据光伏阵列大小与建筑采光要求来确定发电的功率和选择系统设备，因此其系统设计要包含三部分：光伏阵列设计、光伏组件设计和光伏发电系统设计。

与建筑结合的光伏阵列设计要符合建筑美学要求，如色彩的协调和形状的统一，另外与普通光伏系统一样，必须考虑光照条件，如安装位置、朝向和倾角等。

光伏组件设计涉及太阳能电池的类型（包括综合考虑外观色彩与发电量）与布置（结合板块大小、功率要求、电池板大小进行），组件的装配设计（组件的密封与安装形式）。

进行光伏发电系统设计时，要综合考虑建筑物所处地理位置和当地相关政策，如是否接近公共电网，是否允许并网，是否可以卖电给电网以及用户需求等各方面信息来选择系

统类型，即并网系统或独立系统。如果城市电网供电很可靠，很少断电，则应考虑并网光伏发电系统，这样可以避免使用昂贵的蓄电池和减少维修运行费用，在有些地方还可以获得上网优惠电价。如果建筑远离电网或者电网常断电，则应考虑使用独立发电系统，需要配置蓄电池，初投资和维修运行费用昂贵。除了确定系统类型外，还要考虑控制器、逆变器、蓄电池等设备的选择，防雷、系统综合布线、感应与显示等环节设计。

（5）结构安全性和构造设计

建筑的寿命一般在50年以上，光伏组件的使用寿命也在20年以上，因此光伏建筑的结构安全性不可小觑。首先要考虑组件本身的结构安全。如高层建筑屋顶的风荷载较地面大很多，普通光伏组件的强度能否承受，受风变形时是否会影响到电池片的正常工作及造成安全隐患等。如玻璃幕墙技术规范中指出，中间的夹层密封材料应用PVB膜，它具有吸收冲击的作用，可防止冲击物穿透，即使玻璃破损，碎片也会牢牢粘附在PVB膜上，使产生的伤害可能减少到最低程度，不会脱落伤人，保证建筑物的安全性能。此外，还要考虑固定组件连接方式的安全性，组件的安装固定需对连接件固定点进行相应的结构计算，并充分考虑使用期内的多种最不利情况。

构造设计关系到光伏组件的工作状况与使用寿命。在与建筑结合时，光伏组件的工作环境与条件发生了变化，其构造需要与建筑相结合，以求经济、实用、美观和安全。

（6）与其他节能技术有机结合

在光伏建筑设计过程中，要将光伏技术与其他节能技术进行结合，如通风技术、围护结构保温隔热技术等。太阳能电池板发电时自身温度也会迅速上升，而温度的升高导致太阳能电池的发电效率降低，如果条件许可，可在光伏组件的背面附加合适的通风结构，以利于热量扩散。

除了利用通风设计，还可以收集利用电池板产生的热能，设计成光电/光热混合系统，如在太阳能电池板背面铺设水管，在降低太阳能电池板组件温度及对环境热影响的同时还可以生产热水，一举两得。

1.2 光伏建筑一体化系统分类

光伏建筑一体化系统的分类方法有很多，如按照光伏系统储能方式、与建筑结合类型、光伏组件类型等，以下将逐一介绍。

1.2.1 按照光伏系统储能方式分类

按照储能方式的不同，光伏系统分为独立系统（stand-alone）、并网系统（grid-connected）和混合系统（hybrid）。

1. 独立系统

独立系统是不与常规电力系统相连而独立运行的发电系统，它以蓄电池作为储能元件。在白天阳光充足时，光伏组件将产生的电能通过控制器直接给负载供电，若系统中含有交流负载，则增加逆变器将直流电转换为交流电，或者在满足负载需求的情况下将多余的电力给蓄电池充电进行能量储存。当光照不足或者夜晚时，则由蓄电池直接提供直流电或通过逆变器转换为交流电维持负载正常运转。图1－1所示为独立系统示意图。

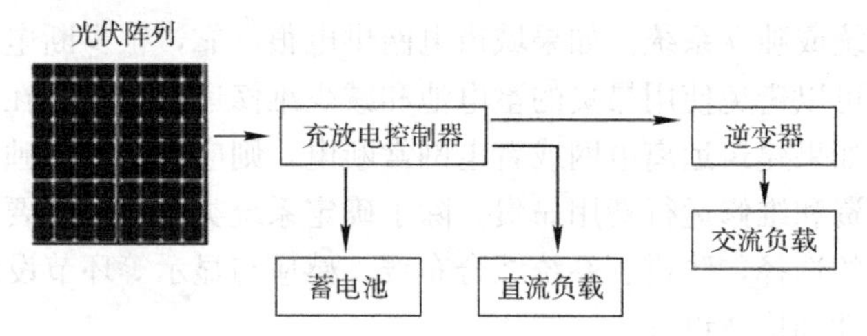

图 1-1　独立光伏发电系统示意图

2. 并网系统

并网系统与常规电力系统相连，以公共电网当作储能元件，光伏组件产生的直流电经过并网逆变器转换成符合市电电网要求的交流电后直接接入公共电网，光伏系统相当于一个小型电站。在有光照时，光伏系统产生的电力首先供自身负载使用，多余电力则传输到公共电网，或者直接将产生的全部电力并入电网。而当光伏系统所产生的电力无法供应自身负载正常运转时，公共电网给予补充。图 1-2 为并网系统示意图。

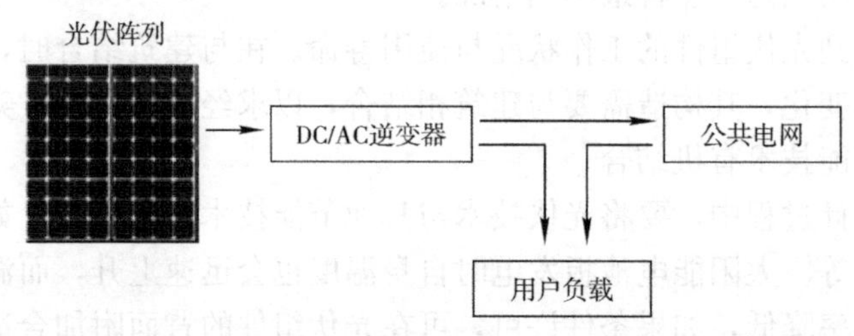

图 1-2　并网系统的结构示意图

光伏并网系统按照容量大小又可分为集中式大型并网系统和分散式小型住宅光伏并网系统。与建筑结合的光伏建筑一体化系统通常属于后者，它的特点是白天光伏系统的发电量大而负载耗电量小，晚上光伏系统不发电而负载耗电量大，因此与电网相连，白天将多余的电力“存储”到电网中，待用电时随时取用，避免了配备储能蓄电池。

并网系统是光伏发电的发展目标，是大规模商业化应用的必由之路，和独立系统相比，并网发电具有诸多优点：

(1) 无需配置蓄电池，降低了系统成本及运行维护费用，减少了蓄电池充放电带来的能量损耗，避免了废旧蓄电池造成的环境污染。

(2) 光伏系统可始终工作在最大功率点，所发电能可被充分利用，提高了光伏发电效率。

(3) 并网光伏系统可对公共电网起到调峰作用。

3. 混合系统

常说的混合系统包括两种类型：一种是指既与常规电力网络相连，同时又配备蓄电池储能的光伏发电系统；另一种更为广泛的混合系统是为了综合利用各种发电技术的优点，除了利用太阳能光伏发电外，还使用风力和柴油机发电等作为备用发电的发电系统。混合系统既可与公共电网相连形成并网系统，也可配备蓄电池形成独立系统。

风能和太阳能都属于可再生能源，风光互补是一种很好的综合发电方式，特别是应用在独立型光伏发电系统上。晴朗的白天一般风力比较小，因此可充分利用太阳光，以太阳能发电为主；而夜间无法利用太阳能发电，风力却往往比白天大，可利用风力发电，这样形成了昼夜互补的发电形式。此外，风光互补也通常具有季节互补作用。在很多地方的冬季风速比较高，但阳光不好，而夏季则相反。相比单独的风力或太阳能发电，风光互补发电系统显然具有明显的优势，但单独风力发电和光伏发电都容易受天气状况的影响，造成输出不稳定。对于比较重要的或供电稳定性要求较高的负载，还需要考虑采用备用的柴油发电机，形成风力、光伏和柴油发电机一体化的混合供电系统，降低电力输出对天气的依赖性，供电稳定性和可靠性将大为提高。这种混合系统比较适合在边远地区、海岛地区使用。

1.2.2 按照光伏与建筑相结合的类型分类

广义的光伏与建筑相结合有以下两种形式：一种是直接镶嵌型，即在现有建筑屋面或新建的屋面或墙面上直接把光伏板镶嵌到其上面，使光伏与建筑相结合；另一种是建筑构件型，是将光伏板与新建的建筑屋面或墙面有机结合，使得光伏板成为建筑围护结构的一部分。早期光伏建筑以前者为主，近期光伏建筑则逐渐向后者发展。在本书中，如无特别说明，光伏建筑采用的是广义的定义一体化，包括以上两种类型。

1. 光伏与建筑直接镶嵌型

光伏与建筑直接镶嵌型就是将封装好的太阳能电池组件安装在建筑物的表面，再与逆变器、蓄电池、控制器、负载等装置相连，建筑物作为电池组件的载体，起支撑作用。此时建筑中的光伏组件只是通过简单的支撑结构附着在建筑上，取下光伏组件后，建筑功能仍完整。

（1）与建筑屋顶相结合

与屋顶相结合，是建筑与光伏系统相结合的常见形式，如图 1－3 所示。安装在建筑物屋顶的光伏板作为吸收太阳光的平面有其特有的优势：日照条件好，不易受遮挡；系统可以紧贴屋顶结构安装，减少风力的不利影响；太阳能电池组件还可以替代保温隔热层遮挡屋面；与屋顶一体化的大面积太阳能电池组件由于综合使用材料，不但节约了成本，单位面积上的太阳能转换设施的价格也可以大大降低。

图 1－3 建筑屋顶光伏系统

图 1－4 所示是位于德国斯图加特的一个屋顶并网发电工程，由单晶硅太阳能电池组件构成，总容量为 454.07kWp，2002 年 7 月建成，同年 9 月开始进入运行监控。经过精心设计，远看上去光伏系统如同与屋顶集成为一体，但实际上光伏板是安装在屋顶上的，

两者之间留有空隙，便于通风冷却，同时夏季还能减少室内的冷负荷。

图 1-5 所示是德国的一家大型家具厂厂房屋顶并网发电系统，整套系统由 5812 块单晶硅太阳能电池组件构成，覆盖了 38 个屋顶，总的额定输出功率为 494kWp，相当于每年减排 252 吨二氧化碳。

图 1-4　德国一个并网光伏屋顶

图 1-5　德国某家具厂屋顶发电系统

（2）与建筑外墙相结合

建筑外墙是整个建筑中与太阳光接触面积最大的表面之一，特别是对于高层建筑而言。因此，应该充分利用外墙来收集太阳光。与光伏屋顶类似，将光伏板紧贴建筑外墙安装，一方面利用太阳能发电，另一方面也可以作为隔热层，降低建筑物室内的冷负荷。图 1-6 是瑞典科学技术博物馆安装在外墙的光伏系统，展示了建筑外墙和光伏系统相结合的实例。可以很明显地看出建筑外墙与光伏系统的关系，取下光伏系统后，建筑功能依然完整。

CIS 大楼（Co-operative Insurance Tower）高 118m，是英国曼彻斯特的第二高楼，建于 1962 年，经过了 40 多年的使用，建筑外墙损坏严重。CIS 要求为建筑外墙增加防雨结构，通风光伏幕墙成为首选，于是在 2005 年设计安装了这套系统，既满足了防风挡雨的初衷，还增强了建筑的外在观感，并能产生电能，图 1-7 所示为建筑外观。

图 1-6　光伏系统与建筑外墙相结合的实例

图 1-7　英国曼彻斯特 CIS 大楼光伏外墙（来源 Fotothing）

图 1-8 所示是位于日本静冈的 BANDAI 公司 HOBBY 事业部中心，光伏外墙总容量为 70kWp，由日本 SANYO 公司生产的单晶硅太阳能电池组件构成，2006 年 1 月开始正式运行。精心的设计让人觉得光伏系统已经完全融入建筑，与建筑浑然一体。

2. 建筑构件型

将光伏板和建筑构件有机结合是更完美的光伏建筑一体化利用。光伏组件以建筑材料的形式出现，成为建筑物不可分割的一部分，发挥建筑材料的基本功能，如遮风挡雨、隔热保温等，一旦取下光伏组件，建筑也将失去这些功能。一般的建筑外围护结构采用涂料、瓷砖或幕墙玻璃，目的仅仅是为了保护和装饰建筑物。如果用光伏器件代替部分建材，不仅可以满足建筑的基本功能需求，还兼顾了光伏发电的作用，可谓一举两得，物尽其美。

(1) 光伏组件与屋顶瓦片相结合

光伏屋顶除了常见的直接镶嵌型外，还有不少是以构建型的形式出现的，即光伏组件与屋顶相结合，形成一体化的产品。比如太阳能瓦就是其中一种，图 1-9 所示为非晶硅太阳能瓦。

图 1-8　日本光伏外墙案例

图 1-9　非晶硅太阳能瓦

图 1-10 所示是荷兰 Nieuwland 校舍太阳能光伏瓦与建筑结合的实例，单晶硅太阳能电池组件与屋顶结合在一起，每座屋顶的发电容量为 2.57kWp，1998 年投入运行。右侧是该屋顶的局部放大图，可以看出太阳能瓦就像普通的瓦片一样铺设在屋顶上，按模块方式拼接，不需要任何安装支架，达到了太阳能与建筑真正意义上的一体化。

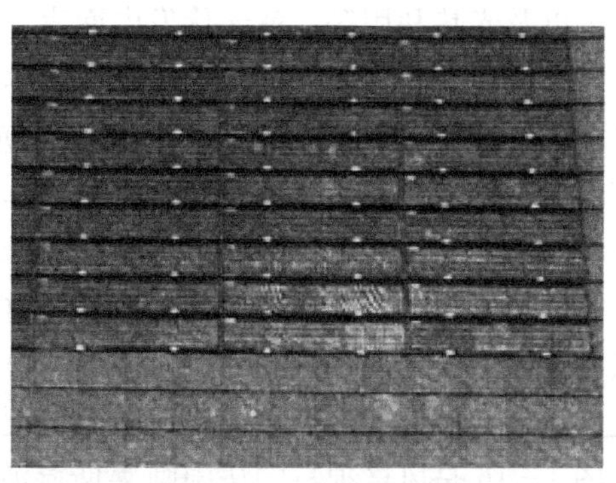

图 1-10　荷兰 Nieuwland 校舍光伏屋顶

除了常见的平板式太阳能瓦，为了适应弯曲的屋面，人们还设计了如图 1－11 所示独特的产品，非晶硅薄膜被沉积在柔性衬底上，与瓦片结合后形成了弯曲结构的太阳能瓦。图 1－12 中砖红色为普通瓦片，深色部分是铺了太阳能瓦后的外观。这样，太阳能瓦与原有建筑风格亦步亦趋，相得益彰。

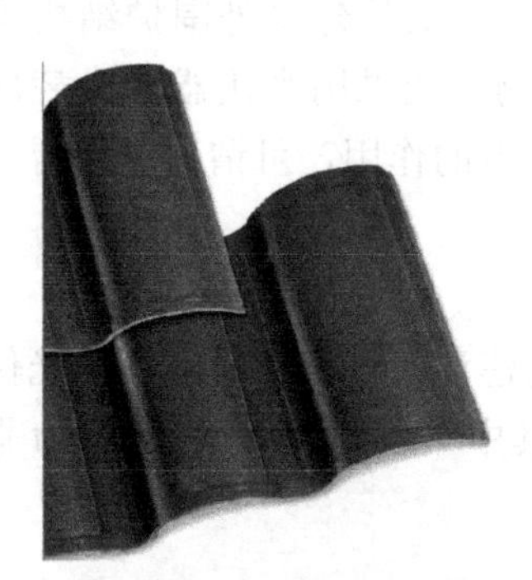

图 1－11　弯曲的太阳能瓦

图 1－12　太阳能瓦代替传统瓦

（2）光伏组件与建筑幕墙相结合

光伏幕墙是将光伏组件与建筑幕墙集成化，将光伏技术融入到建筑幕墙后得到的一种新的建材形式。它突破了传统幕墙单一的围护功能，把传统幕墙试图屏蔽在外的太阳能转化为可利用的电能。光伏幕墙集发电、隔声、保温、安全、装饰等功能于一体，充分利用了建筑物的表面和空间，赋予了建筑鲜明的现代科技和时代特色。

不同类型的太阳能电池均可应用于光伏幕墙，如晶体硅太阳能电池和非晶硅薄膜太阳能电池等。随着薄膜太阳能电池技术的日渐成熟，非晶硅薄膜太阳能电池在光伏幕墙领域显示出了独特的优势。非晶硅薄膜可以大面积沉积，本身呈棕色透明，色调温和，衬底可以为刚性的导电玻璃或柔性不锈钢、聚合物等，可满足不同造型的需要。图 1－13 展示了各种类型的光伏幕墙。

图 1－14 所示为位于英格兰东北部的桑德兰附近 Solar Office Doxford International 的光伏幕墙，建于 1998 年，在设计之初就综合运用了各种节能环保措施，如光伏发电、自然通风以及光热利用等。就光伏发电而言，它是欧洲最大的光伏幕墙工程之一，倾斜的外墙上共安装了 73.1kWp 的多晶硅玻璃幕墙，面积约为 650m^2，预计每年可输出 55100kWh 的电能。系统中一部分光伏阵列通过三相逆变器并网，另一部分则通过单相逆变器并网。配套的数据采集系统每 10 分钟记录一次各项运行参数以及太阳辐射值、环境温度等气象数据，目前系统运行状况良好。

德国慕尼黑巴伐利亚环境保护部大楼（见图 1－15），于 1993 年 8 月建成，是早期的光伏构件型建筑之一。大楼采用了非晶硅光伏玻璃幕墙，总的电能输出功率为 6.5kWp。自建成之日起便开始连续监测电能输出情况，积累了丰富的数据。

图 1－16 是风格独特的法国阿莱斯旅游局大楼，它是在一座 11 世纪教堂的遗址上改建而成的。从正面看去，三个向外突出的结构增大了建筑的表面积，在垂直外墙上集成了

光伏技术，安装了半透明的光伏玻璃幕墙，总容量为9.2kWp，2001年4月投入运行。在光伏幕墙的设计过程中，为了满足建筑的美学需求，保持这座古老教堂原有的古朴风貌，特别注意了光伏组件的颜色问题，选择了在半透明的光伏组件外镀上一层棕黑色的减反射薄膜。值得注意的是，减反射膜还可以增加入射到太阳能电池表面的太阳光，同时避免了玻璃反射日光造成的潜在光污染问题。

多晶硅玻璃幕墙

单晶硅玻璃幕墙

非晶硅玻璃幕墙

图 1-13 光伏玻璃幕墙实例

图 1-14 英国 Solar Office Doxford International 光伏幕墙

（资料来源：Dennis Gilbert）

图 1-15 德国慕尼黑巴伐利亚环境保护部大楼光伏幕墙

图 1-16　法国阿莱斯旅游局光伏玻璃幕墙

图 1-17　光伏组件与遮阳装置相结合

(3) 光伏组件与遮阳挡雨装置相结合

将光伏组件与遮阳挡雨装置相结合，可以有效地利用空间。太阳光直接照射到遮阳板上，既产生了电能，又减少了室内的日射得热。通过设计计算可以使得这两方面性能得到更好的匹配。另外，有许多公共设施，如休闲长廊等，也与光伏技术结合起来，形成亮丽的光伏长廊景观，为城市增添了现代化色彩。图 1-17 为光伏组件与遮阳装置相结合的实例。

图 1-18 所示为美国休斯敦医学院得克萨斯医疗中心一座 26 层高楼，在它的第八层窗户上方安装了 7kWp 的光伏遮阳篷。作为得克萨斯州电力重组计划的一部分，这项工程于 2000 年秋竣工，每年可产生 10000kWh 的电能。光伏遮阳篷的安装有效降低了室内的空调冷负荷，据统计每年可节约空调用电 2600kWh。

图 1-19 中的光伏建筑一体化设计楼赢得了 BREEAM（英国建筑研究院环境评估体系）优秀称号。设计者将多项环保节能措施巧妙地运用其中，利用光伏组件作为遮阳装置只是其中的一项。光伏遮阳板在发电的同时有效地减少了夏季室内空调负荷，包括光伏幕墙在内 $110m^2$ 的光伏阵列每年产出 7000kWh 的电量，除满足自身需要外，还可将多余电量输送到电网。

图 1-18　得克萨斯医疗中心光伏遮阳篷

图 1-19　英格兰光伏遮阳篷实例

德国巴登符腾堡州拉斯特市的欧洲主题公园是一个非常著名的休闲公园（见图 1-20），园外建有一个长 300m 的光伏长廊，连接着公园入口和停车场。该系统总容量为 228kWp，由2000多块光伏组件构成一个弧形曲面，于2001年正式运行，也是光伏建筑一体化构件型设计的代表作。

（4）光伏组件与天窗、采光顶相结合

光伏组件也可以用于天窗、采光顶等，运用时需要考虑透光性能。实现透光的方式有多种，如玻璃衬底的薄膜太阳能电池本身就是透光的；在组件生产时将电池片按一定的空隙排列，可以调节透光率；或电池组件与普通玻璃构件间隔分布，保证透光需求。图1-21展示了各种透光方法。

图1-20　德国拉斯特欧洲主题公园光伏长廊

图1-21　光伏组件与采光屋顶相结合

图1-22是位于德国Gelsenkirchen的Shell太阳能电池的生产厂。左图展示了其外观，整个屋顶和外墙均由透光光伏玻璃组件构成，是典型的透光光伏玻璃采光屋顶；右图是其内视图，可以很清晰地看到所采用的光伏组件中电池片间留有一定的间隙，满足了室内的采光需求的同时，还形成了光影斑驳的视觉效果。作为太阳能电池生产厂，能够在其自身建筑上运用光伏建筑一体化技术，起到了很好的示范作用。

图1-23所示为荷兰ECN大楼的一部分，建于2001年，主要用作办公和实验室。这座建筑的弧形采光屋顶完全采用光伏组件，蓝色的光伏组件与建筑原有的砖红色搭配协调，相映成趣。右图是其内视图，采光顶所用的是双层玻璃封装的光伏组件，太阳能电池

片间留有一定比例的间隙，使得太阳光部分透过，满足室内采光需求，有效地减少了人工采光用电。但夏季空调负荷会大大增加，冬季采暖热负荷因为没有保温也会很高。该光伏采光屋顶系统使用的是BP公司生产的刻槽埋栅单晶硅太阳能电池，系统总容量为43kWp。

图1-22　德国Gelsenkirchen太阳电池生产厂

图1-23　荷兰ECN大楼

(5) 光伏组件与阳台护栏、隔声屏障相结合

光伏组件除了可以用于屋顶、外墙等基本建筑结构外，还可与其他结构结合，如阳台护栏、隔声屏障等。图1-24和图1-25为光伏组件用于建筑阳台护栏与隔声屏障相结合的实例。

图1-24　小户型建筑阳台护栏

图1-25　光伏组件与隔声屏障相结合

1.2.3 按照光伏组件类型分类

目前，用于光伏建筑领域最多的仍是晶体硅太阳能电池组件。但是随着薄膜技术的日臻成熟，薄膜太阳能电池逐渐得到了发展，而且应用于建筑具有独特的优势。光伏建筑使用的光伏组件主要分为以下几类：

1. 刚性晶体硅太阳能电池组件

刚性晶体硅太阳能电池组件通常以玻璃为上盖板材料，背板材料可以是 Tedlar（聚氟乙烯）或玻璃等，因此也就构成了不透光和透光两种类型的组件。应用刚性晶体硅太阳能电池组件的光伏建筑数不胜数，在前面已经列举了很多。这里，我们选取一个综合应用的实例加以详细介绍。

图 1-26 是德国的 Academy Mont-Cenis Herne 项目，无论从光伏系统的规模上，还是集成的技术以及建筑学设计上讲，这座建筑都达到了一个全新的高度。所运用的太阳能电池组件包括单晶硅和多晶硅两种类型（其中单晶硅电池效率为 16%，多晶硅电池效率为 12.5%），它们被集成到了采光屋顶及光伏幕墙中，光伏组件的总容量超过了 1MW。其中，2900 块电池组件构成了 9800m^2 的光伏屋顶，容量为 925kWp，另外 284 块组件被集成到西南侧光伏幕墙上，面积约为 800m^2，容量为 75kWp。

为在采光的同时还能够有效地阻挡部分阳光进入室内，设计师们通过计算调节太阳能电池片间的间隙，选取应用了 6 种不同透光度的太阳能电池组件，并结合玻璃窗格［见图 1-26（b）］组成了“云彩”似的图案，如图 1-26（c）所示。每个光伏阵列均以 5°倾斜［见图 1-26（d）］，以便让雨水冲刷组件表面，保持表面清洁。组件的力学性能完全满足建筑需求，人可以在屋顶上自由行走，维修方便。

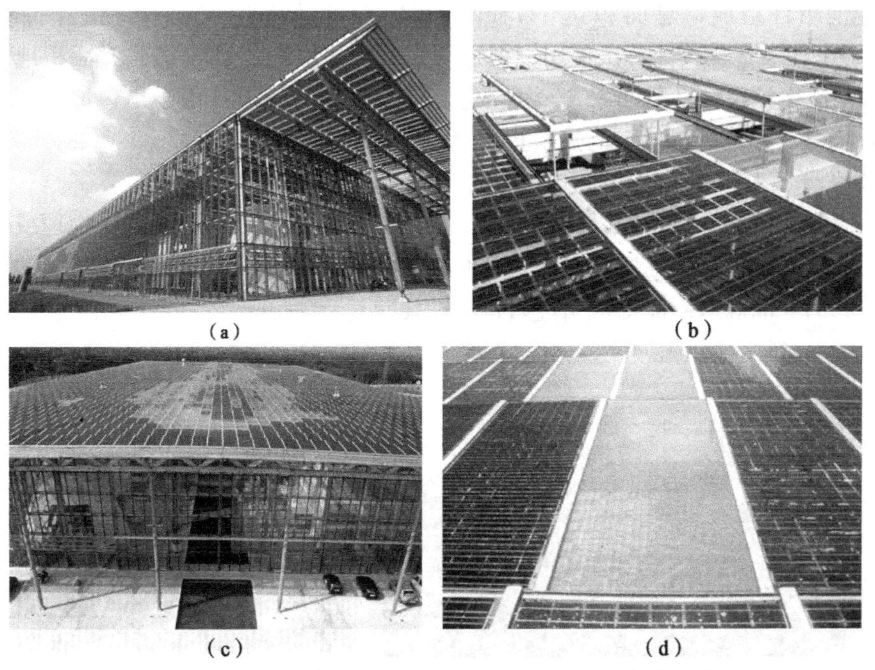

(a) (b) (c) (d)

图 1-26 德国的 Academy Mont-Cenis Herne 光伏工程

2. 刚性薄膜太阳能电池组件

非晶硅太阳能电池组件是薄膜太阳能电池领域应用最广的，相关应用实例非常丰富，在国内也有不少应用，如图 1 - 27 所示。而像图 1 - 28 这样大面积应用铜铟硒（CIS）薄膜太阳能电池的案例就为数不多了。

图 1 - 27　国内非晶硅光电幕墙

图 1 - 28　英国 OpTIC 铜铟硒薄膜太阳能电池光伏外墙

OpTIC 中心位于北威尔士，它是 Technium OpTIC 的所在地，致力于光电子的技术研究。这座建筑最为引人注目的是从屋顶延伸至南墙立面弯曲的光伏幕墙。该光伏幕墙与水平面呈 70°角，幕墙的底端与作为装饰的水池相连，这样雨水可以顺着弯曲的幕墙流入水池，被收集之后用于建筑物自身及外部花卉草木灌溉。太阳能电池组件由玻璃和 Tedlar（聚氟乙烯）背板层压而成，每块大小为 1400mm×35mm，组件效率为 10%。整个幕墙由 2368 块电池组件组成，总面积达 1176m^2，额定发电功率为 85kWp，预计每年可产生 70MWh 的电能。这是英国首次使用铜铟硒薄膜太阳能电池组件，如此大面积地使用铜铟硒薄膜太阳能电池组件在欧洲，乃至世界上都是极少的。该设计由于出色地运用了光伏发电技术而获得“建筑卓越”示范奖，并在 2004 年获得建筑质量大奖。

3. 柔性薄膜太阳能电池组件

柔性薄膜太阳能电池一般以聚合物或不锈钢等材料作为衬底，薄膜以物理或化学的方法沉积到衬底上，再制备电极引出导线，经封装后成为组件。图 1 - 29 是德国的一栋以不锈钢为衬底的非晶硅太阳能电池组件为幕墙的建筑。

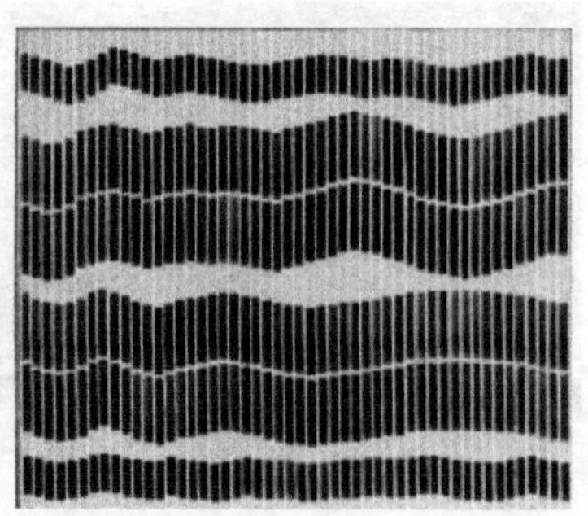

图 1 - 29　德国柔性薄膜太阳能电池光伏外墙案例

位于杜伊斯堡的蒂森克虏伯钢厂（ThyssenKruppStahl AG）是德国最大的钢铁生产企业，它为人们展示了以柔性钢为基底的柔性薄膜太阳能电池组件，可以说是光伏幕墙领域极大的创新。这套系统由 1004 块光伏组件构成，幕墙面积约为 1400m²，总容量为 51.06kWp。电池类型为三结叠层薄膜电池，效率稳定在 8%左右，并且制备过程中每块电池都连接有旁路二极管，使得单块电池的阴影效应对整个系统的输出影响降到最低。以上两点使得尽管垂直安装对于太阳电池来说不是最佳角度，但系统每年仍可输出约 32000kWh 的电能。设计者还利用聚氨酯（PUR）硬质泡沫作为隔热层，减少建筑热损失。

1.3 光伏建筑一体化系统主要部件

光伏发电系统通常包括太阳能电池组件、蓄电池（组）、充放电控制器。若有交流负载或并入电网，则还需要配置不同的逆变器。

1.3.1 太阳能电池组件

太阳能电池组件是光伏发电系统中的核心部分，也是光伏发电系统中价值最高的部分。其作用是将太阳的辐射能转换为电能，或直接供负载使用，或送往蓄电池存储起来，或传输到公共电网。太阳能电池组件的质量和价格直接决定整个系统的质量和成本。

用于光伏建筑一体化系统的太阳能电池组件种类繁多，根据太阳能电池片类型主要分为：单晶硅组件、多晶硅组件、非晶硅薄膜电池组件、铜铟镓硒电池组件和碲化镉电池组件等，其中晶体硅（包括单晶硅和多晶硅）电池组件约占市场的 80%～90%。图 1-30 给出了几种常见的组件类型。光伏组件中的晶体硅单体电池的尺寸一般为 4～10cm²，输出电压只有 0.45～0.50V，电流约为 20～25mA/cm²，峰值功率仅为 1W 左右。晶体硅太阳能电池本身薄而脆，不能经受大的撞击，且易被腐蚀，若直接暴露于大气中，光电转化效率很快就会因受到大气中的水分、灰尘和腐蚀性物质的作用而下降，以至失效。因此，单体太阳能电池不能单独使用，一般必须通过胶封、层压等方式封装后使用。单个组件的功率因封装电池的数量不同而不同，使用较多的组件是 9 串 4 列或 12 串 3 列共 36 片串联、并联，额定电压为 12V。实际使用时，可根据负载需求，再将电池组件串联、并联形成大功率的供电系统，这就是光伏阵列，如图 1-31 所示。

太阳能电池组件的封装方式很多，一般将太阳能电池片的正面和背面各用一层透明、耐老化、粘结性好的胶粘剂包封，然后上下各加一块盖板，通过层压方式使这几部分粘合成为整体，构成一个实用的电池组件。常用的上盖板材料有钢化玻璃、Tedlar（聚氟乙烯）、PMMA（俗称有机玻璃）板或 PC（聚碳酸酯）板等。最为常用的是低铁钢化玻璃，它的特点是透光率高、抗冲击能力强、使用寿命长。胶粘剂要求具有较高的耐湿性和气密性，主要使用环氧树脂、有机硅树脂、EVA（乙烯和醋酸乙烯酯的共聚物）、Tedlar（聚氟乙烯）或 Tedlar 复合薄膜等材料。底板一般使用钢化玻璃、铝合金、有机玻璃、TPF 等材料。不透明材料作为底板的太阳能电池组件已经广泛应用到建筑物中，如光伏屋顶，这类组件被形象地称为光伏电池瓦。近年来，随着国内外光伏建筑一体化的推广，各组件封装制造厂纷纷推出双面玻璃太阳能电池组件、中空玻璃太阳能电池组件，如图1-32和图1-33所示。与普通组件结构相比，它们利用玻璃代替TPE（或TPT）作为组件背板材料，这样得到的组件美观，具有透光的优点，可以作为光伏幕墙、采光顶和遮阳篷等使用。太阳能电池组件的可靠性在很大程度上取决于封装材料和封装工艺。通常要求组件能正常工作20年以上，组件各部分所使用材料的寿命尽可能相互一致，因此要注意材料选取，并采用先进的封装工艺。此外，随着光伏建筑一体化的大规模发展，作为一种建材，如何丰富其类型，满足不同建筑审美需求，同时不断提高产品性能，是值得进一步努力的方向。

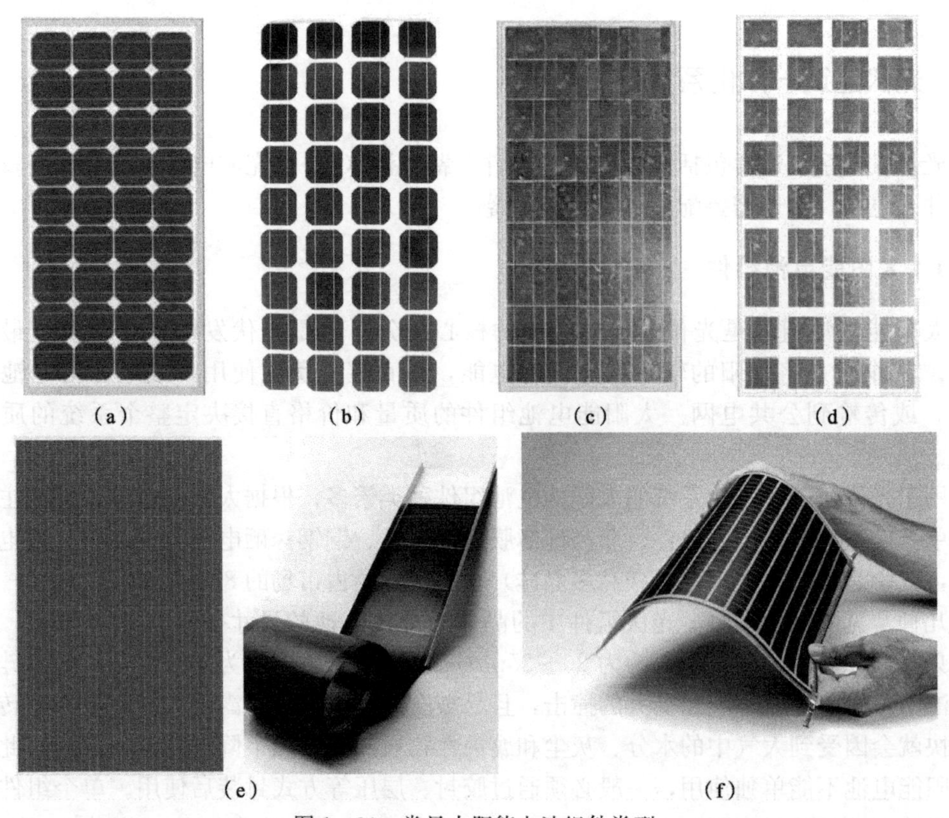

图1-30　常见太阳能电池组件类型

(a) 单晶不透光组件；(b) 单晶透光组件；(c) 多晶组件；(d) 透光多晶组件；(e) 刚性非晶硅组件；(f) 柔性非晶硅组件

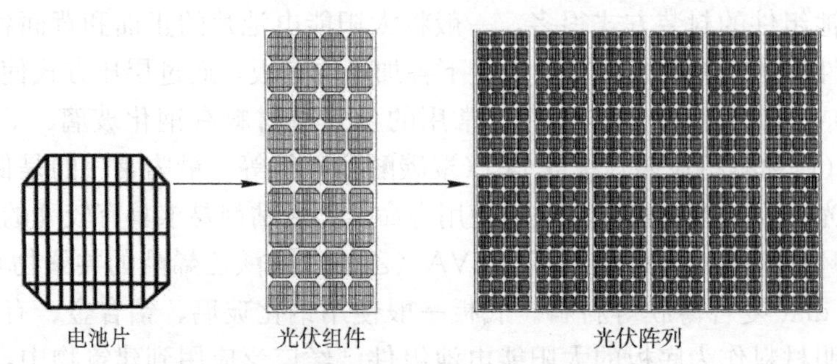

图1-31　太阳能电池与组件、阵列的构成关系

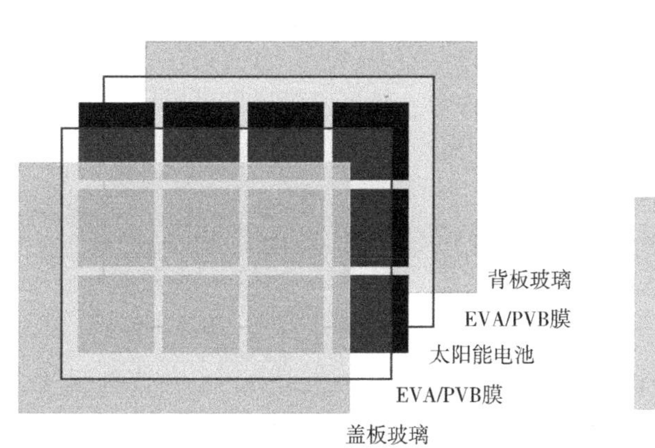

图 1-32　双面玻璃太阳能电池组件结构

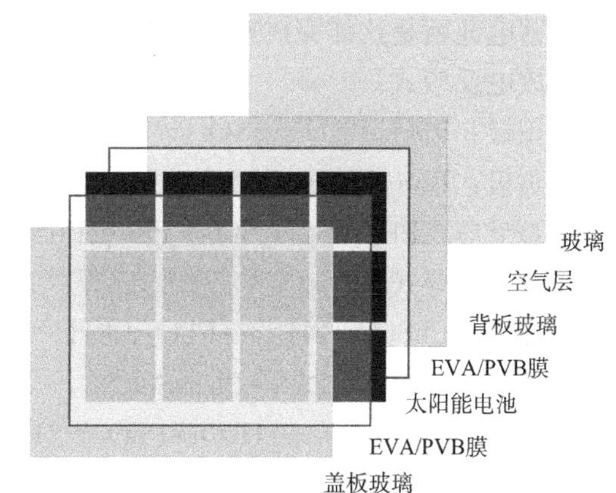

图 1-33　中空玻璃太阳能电池组件结构

1.3.2　蓄电池

由于太阳辐射总是处在不断变化过程中，不同时段的辐射值差异很大，造成光伏发电系统的输出功率波动频繁，电力生产量与电力负载之间无法匹配，负载无法获得持续而稳定的电能供应。为了解决这个问题，对于独立光伏系统，使用能量储存装置将光伏系统产生的电能暂时储存起来，能够较为方便地协调电能的输出量、使用量和储存量。蓄电池是独立系统和部分混合系统广泛使用的一种电能存储装置，其原理是在有光照时将太阳能电池板产生的电能储存起来，到需要的时候再释放出来。蓄电池不仅要具备可以长时间供应电力需求的能力，也要具备在短时间内提供大量电力的能力。

对于长期运行的蓄电池系统而言，主要需要满足以下要求：

（1）寿命长；

（2）自放电率低；

（3）具有深循环放电性能；

（4）充放电循环寿命长；

（5）对过充电、过放电耐受能力强；

（6）具有较高的充放电效率；

（7）低运行维护费用。

太阳能光伏发电系统中的蓄电池，一般使用传统的电化学类蓄电池，原因之一是光伏系统产生的是直流电，此类蓄电池因具有直流电特性，可以直接与光伏系统相连接。目前使用最多的电化学类蓄电池包括铅酸电池和镍镉电池。

铅酸蓄电池的电动势是 2V，也就是额定电压是 2V。日常见到的铅酸蓄电池产品都是由多个蓄电池单元内部串、并联组成的蓄电池组，提供的电压是 2V 的倍数。铅酸蓄电池的正极储能材料为结晶细密、疏松多孔的二氧化铅（PbO_2），负极以海绵状的金属铅（Pb）作为储存电能的物质，正负极储存电能的物质统称为活性物质。电解质是浓度为27%～37%的硫酸（H_2SO_4）溶液。在蓄电池充、放电过程中，正、负极活性物质和电解液同时参与化学反应。充电时，即在正、负极上通入合适的直流，正极材料硫酸铅变成棕褐色多孔二氧化铅，负极的硫酸铅变成灰色的海绵状铅；放电时，正、负极材料都吸收硫酸，逐渐变成硫酸铅，当大部分活性物质变成了硫酸铅后，蓄电池的电压下降就不再放电了。蓄电池就是这样完成充、放电循环的。铅酸蓄电池的电极反应如下：

放电反应式：

正极：$PbO_2+4H^++SO_4^{2-}+2e^-\rightarrow PbSO_4+2H_2O$

负极：$Pb+SO_4^{2-}\rightarrow PbSO_4+2e^-$

总反应：$PbO_2+2H_2SO_4+Pb\rightarrow 2PbSO_4+2H_2O$

充电反应式：

正极：$PbSO_4+2H_2O\rightarrow PbO_2+4H^++SO_4^{2-}+2e^-$

负极：$PbSO_4+2e^-\rightarrow Pb+SO_4^{2-}$

总反应：$2PbSO_4+2H_2O\rightarrow PbO_2+2H_2SO_4+Pb$

除了铅酸蓄电池，镍镉电池也常用于光伏发电系统。与铅酸蓄电池相比，镍镉电池具有更长的寿命，它的内阻低，允许大电流输出，比能量高，可以完全放电，并可在低温下工作，总体性能比铅酸电池要好，但其价格较高，电池效率较低。镍镉电池采用 $Ni(OH)_2$作为正极，CdO 作为负极，碱液（主要为 KOH）作为电解液。镍镉电池充、放电时发生如下反应：

放电反应式：

正极：$NiOOH+H_2O+e^-\rightarrow Ni(OH)_2+OH^-$

负极：$Cd+2OH^-\rightarrow Cd(OH)_2+2e^-$

总反应：$2NiOOH+Cd+2H_2O\rightarrow 2Ni(OH)_2+Cd(OH)_2$

充电反应式：

正极：$Ni(OH)_2+OH^-\rightarrow NiOOH+H_2O+e^-$

负极：$Cd(OH)_2+2e^-\rightarrow Cd+2OH^-$

总反应：$2Ni(OH)_2+Cd(OH)_2\rightarrow 2NiOOH+Cd+2H_2O$

蓄电池在整个光伏系统中是最薄弱的一环，因为它的寿命远比其他构件短得多。目前在光伏发电系统的寿命周期内，蓄电池在独立光伏系统中所占的成本比例还比较高，因此在城市里应尽量使用并网型光伏发电系统。

1.3.3 充、放电控制器

充、放电控制器是独立系统中最基本的控制电路，也是必不可少的电路。它的基本原理如图 1－34 所示。独立系统不论大小，都离不开充、放电控制器。其作用是控制整个系统的工作状态，并对蓄电池过充电和过放电保护。即当蓄电池已完成充电时，充电控制器

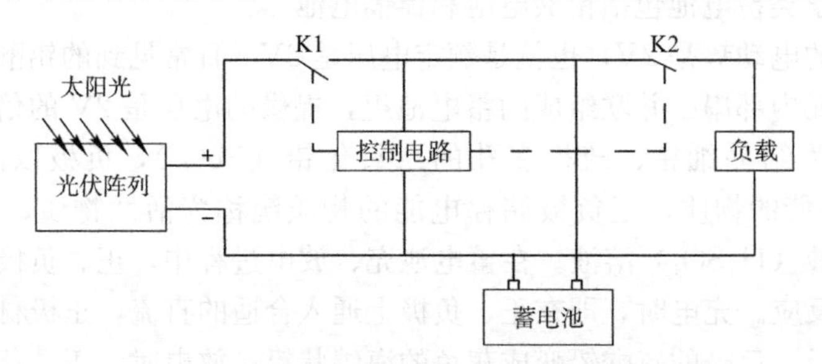

图 1－34 充、放电控制器基本原理

就不再允许电流继续流入蓄电池内。同样，当蓄电池的电力输出到一定程度，剩余电量不足时，控制器就不再允许更多的电流由蓄电池输出，直到它再被充电为止。在温差较大的地方，合格的控制器还应具备温度补偿的功能。

对光伏系统的充、放电进行调节控制是光伏应用系统的一个重要功能。对于小型系统，可以采用由简单的控制器组成的系统来实现，对于中、大型光伏系统，则需要采用功能更为复杂的控制设备组来实现。在光伏电站系统中使用的充、放电控制器必须具备以下几项基本功能：

（1）防电池过充、过放的功能；

（2）提供负载控制的功能；

（3）提供系统工作状态信息给使用者和操作者的功能；

（4）提供备份能源控制接口功能；

（5）将光伏系统富余电能给负载消耗的功能；

（6）提供各种接口（如监控）的功能。

1.3.4 逆变器

太阳能电池所产生的电为直流电，但是许多负载需要的是交流电，因此需要转换装置。逆变器的功能就是将直流电转换成为交流电，是“逆向”的整流过程，因此称为“逆变”。由于交流电压中除含有较大的基波成分外，还可能含有一定频率和振幅的谐波，逆变器除了能将直流电转换成交流电，还具有自动稳压的功能。因此，当光伏系统应用于交流负载或并网输电时，逆变器可以改善光伏发电系统的供电质量。光伏发电系统对逆变器的要求如下：

1. 要求具有较高的效率

由于目前太阳能电池的价格偏高，为了最大限度地利用太阳能电池，提高系统效率，必须设法提高逆变器的效率。

2. 要求具有较高的可靠性

为了减少逆变器维护的难度和成本，要求逆变器具有合理的电路结构，并要求逆变器具备各种保护功能，如输入直流极性接反保护，交流输出短路保护，过热、过载保护等。

3. 要求直流输入电压有较宽的适应范围

太阳能电池的端电压随负载和日照强度的变化而变化。蓄电池虽然对太阳能电池端电压的稳定具有一定作用，但蓄电池的电压也会随蓄电池剩余容量和内阻的变化而波动，特别是当蓄电池老化时，其端电压的变化范围很大，如 12V 的蓄电池，其端电压可能会在 10～16V 之间变化。这就要求逆变器必须在较大的直流输入电压范围内正常工作，并保证交流输出电压的稳定性。

4. 在大中容量光伏发电系统中，逆变电源的输出应为失真度较小的正弦波

这是由于在中、大容量系统中，若采用方波供电，输出将含有较多的谐波分量，高次谐波会产生附加损耗。许多光伏发电系统的负载为通信或仪表设备，这些设备对电网品质有较高的要求，当中、大容量的光伏发电系统并网运行时，为避免与公共电网的电力污染，也要求逆变器输出正弦波电流。

参考文献

[1] 杨洪兴，周伟编著．太阳能建筑一体化技术与应用．北京：中国建筑工业出版社，2009.

[2] 沈辉，曾祖勤主编．太阳能光伏发电技术．北京：化学工业出版社，2005.

[3] 林明献编著．太阳电池技术入门．台湾：全华图书股份有限公司．

[4] Stevev Strong. Building Integrated Photovoltaics（BIPV）Whole Building Design Guide.

[5] Design Brief Building Integrated Photovoltaics.

[6] Joachim Benemann，Oussama Chehab，Eric Sachaar-Gabrial. Building-integrated PV modules. Solar Energy Materials & Solar Cells，67（2001），345－354.

[7] 维纳姆（S. R. Wenham）等编．应用光伏学．狄大卫等译．上海：上海交通大学出版社，2008.

[8] 张雪松．太阳能光电板在建筑一体化中的应用．建筑技术，2005，(02).

[9] 宣晓东，郑先友．光伏建筑一体化中建筑外观的设计研究．工程与建筑，2007，(04).

[10] 周鉴，倪燕等．光伏建筑一体化设计浅谈．科技信息，2009，(13).

第 2 章　光伏建筑系统的设计、招标和验收

2.1　光伏建筑构件最优倾角和朝向的确定

在光伏系统的设计中，光伏板的安装形式和安装角度对光伏板所能接收到的太阳辐射以及光伏系统的发电能力有很大的影响。光伏板的安装形式有固定式和自动跟踪式两种。对于固定式光伏系统，一旦安装完成，光伏板的方位角和倾斜角就无法改变；而安装了跟踪装置的光伏系统可以自动跟踪太阳的方位，使光伏板一直朝向太阳，以接收最大的太阳辐射。由于跟踪装置比较复杂，初投资和维护成本太高，因此目前光伏系统大多采用固定式安装。

为了充分利用太阳能，必须科学地设计光伏板的方位角与倾斜角。光伏板的方位角是指光伏板所在方阵的垂直面与正南方向的夹角（向东偏设定为负角度，向西偏设定为正角度）。在北半球，光伏板朝向正南方向（即光伏板所在方阵的垂直面与正南方向的夹角为 0°）时，光伏板的发电量最大。倾斜角是指光伏板平面与水平面的夹角。倾斜角对光伏板能接收到的太阳辐射影响很大，因此确定光伏板的最佳倾斜角非常重要。光伏发电系统最佳倾斜角的考虑因素因系统类型而异。在离网型光伏发电系统中，由于受到蓄电池荷电状态等因素的限制，确定最佳倾斜角时要综合考虑光伏板平面上太阳辐射的连续性、均匀性和最大性，而对于并网型光伏发电系统，通常是根据全年获得最大太阳辐射量来确定的。

2.1.1　关于最佳倾斜角的研究及不足之处

光伏建筑一体化系统的效率在很大程度上取决于光伏板的方位角和倾斜角。光伏板只有具备最佳的方位角和倾斜角，才能最大限度地降低遮挡物对其的影响并获得最多的太阳辐射。以前关于光伏板最佳倾斜角的研究大多是针对特定区域进行定性和定量的分析。对于太阳能的一般应用来说，在北半球的最佳方位是面向正南方向，而最佳倾斜角则为当地的纬度的函数：

$$\beta_{opt}=f(\phi) \tag{2-1}$$

式中　β_{opt}——最佳倾斜角；

　　　ϕ——当地纬度。

Duffie 和 Beckman 给出的最佳倾斜角的表达式为 $\beta_{opt}=(\phi+15°)\pm15°$，而 Lewis 则认为 $\beta_{opt}=\phi\pm8°$。Asl-Soleimani 指出为了在德黑兰获得全年最大太阳辐射，并网光伏系统的最佳倾斜角是 30°，比当地的纬度 35.7°要小。Christensen 和 Barker 发现方位角和倾斜角在一定范围内变化时，对太阳辐射入射量的影响并不显著。

纵观以前的研究有许多不足之处：（1）未能考虑逐时晴空指数的影响；（2）缺少全面具体的气象数据；（3）在计算中使用简化的天空模型。

为了提高计算结果的精确性，本书在计算最佳倾斜角时引用了各向异性的天空模型并提出了一种新的计算方法。此方法包含了逐时晴空指数对最佳倾斜角的影响，可以用来计算不

同应用情况下（全年、季节和月）的最佳方位角和倾斜角。本节的主要内容包括：(1) 在考虑晴空指数的影响的基础上，分析光伏板的倾斜角对太阳辐射入射量的影响；(2) 分析光伏板在不同应用情况下（全年、季节性和特定月）的最佳倾斜角；(3) 分析最佳倾斜角与当地纬度、地面反射率和当地气象情况（晴空指数或大气透射率）等相关参数的关系。

2.1.2 最佳倾斜角的数学模型

通常，倾斜表面上的总太阳辐射量可以由其所获得的直射辐射、散射辐射和地面反射辐射来表示，获得的太阳辐射逐时值可以表示为：

$$G_{tt}(i)=G_{bt}(i)+G_{dt}(i)+G_{r}(i) \tag{2-2}$$

式中 $G_{tt}(i)$——在 i 时刻倾斜表面上获得的总太阳辐射，W/m^2；

G_{bt}——倾斜表面上获得的直射太阳辐射，W/m^2；

G_{dt}——倾斜表面上获得的散射太阳辐射，W/m^2；

G_{r}——倾斜表面上获得的地面反射辐射，W/m^2。

对于一个确定的方位，最佳倾斜角可以通过求解下面的方程得出：

$$\frac{d}{d\beta}\left[\sum_{i=1}^{m}G_{tt}(i)\right]_{\beta_{opt}}=0 \tag{2-3}$$

式中 m——计算过程总的小时数，对于全年的情况 m 取 8760，对于一个季度 m 取 2160，对于一个月 m 取 720。

太阳直射部分 G_{bt} 可以表示为：

$$G_{bt}=G_{bh}\cdot\frac{\cos\theta}{\cos\theta_z}=G_{bh}\cdot R_b \tag{2-4}$$

式中 G_{bh}——水平面上可以获得的直射太阳辐射，W/m^2；

θ——入射角，入射到某倾斜表面上的直射辐射和此表面法向方向的夹角，(°)；

θ_z——水平面上的入射角，也称为太阳的天顶角，(°)；

R_b——形状因子。在确定入射角的时候可以利用 Duffie 和 Beckman 给出的一系列计算公式：

$$\cos\theta=\sin\delta\sin\phi\cos\beta-\sin\delta\cos\phi\sin\beta\cos\gamma+\cos\delta\cos\phi\cos\beta\cos\omega \tag{2-5}$$

$$\cos\theta_z=\cos\delta\cos\phi\cos\omega+\sin\delta\sin\phi \tag{2-6}$$

式中 δ——太阳的赤纬，$-23.45°\leqslant\delta\leqslant23.45°$；

ϕ——当地的纬度，(°)；

ω——时角，上午为负值，下午为正值。

太阳的赤纬 δ 可以表示为：

$$\delta=23.45\sin\left(360\times\frac{284+n}{365}\right) \tag{2-7}$$

式中 n——全年的第 n 天，取值范围是 1～365。

地面反射部分可以表示为：

$$G_r=\frac{\rho_0}{2}\cdot G_{th}\cdot(1-\cos\beta) \tag{2-8}$$

式中 G_{th}——水平面上的总太阳辐射，W/m^2；

ρ_0——地面反射系数，有雪地面的反射系数可以定为 0.6，而无雪地面的反射系数可以定为 0.2。

倾斜表面上的太阳散射部分可以用 Reindl 模型来计算：

$$G_{dt}=G_{dh}\cdot\cos^2\left(\frac{\beta}{2}\right)\cdot(1-A_I)\left[1+f\cdot\sin^3\left(\frac{\beta}{2}\right)\right]+G_{dh}\cdot A_I\cdot R_b \tag{2-9}$$

式中 G_{dh}——平面上的散射辐射，W/m^2。

$$A_I=\frac{G_{bn}}{G_{on}}=\frac{G_{bh}/\cos\theta_z}{G_0/\cos\theta_z}=\frac{G_{bh}}{G_0} \tag{2-10}$$

$$f=\sqrt{\frac{G_{bh}}{G_{th}}} \tag{2-11}$$

式中 G_0——大气层外层所在水平面上获得的太阳辐射，可以表示为：

$$G_0=G_{sc}\left[1+0.033\cos\left(\frac{360n}{365}\right)\right](\cos\delta\cos\phi\cos\omega+\sin\delta\sin\phi)$$

其中，G_{sc}为太阳常数，约为 $1353W/m^2$。

在上面的计算过程中，G_{bh}和G_{dh}为已知数，但是大多数气象站只提供水平面上的总太阳辐射值。因此，需要寻找一个合适的计算方法将太阳总辐射值分为直射和散射辐射两部分。利用 Orgill 和 Hollands 提出的关于逐时散射率 G_{bh}/G_{th}和晴空指数 k_T 的分段线性方程，Yik 求出了适用于香港地区的逐时散射率和晴空指数的关系式。

2.1.3 全年最佳倾斜角

通过研究发现，不同的方位角对应着不同的最佳倾斜角。在北半球常用的典型方位有东面（$\gamma=-90°$），东南（$\gamma=-60°$，$\gamma=-45°$，$\gamma=-30°$），南面（$\gamma=0°$），西南（$\gamma=30°$，$\gamma=45°$，$\gamma=60°$），西面（$\gamma=90°$）。图 2-1 给出了不同方位角对应的香港地区全年最佳倾斜角和可以获得的最大太阳辐射值。

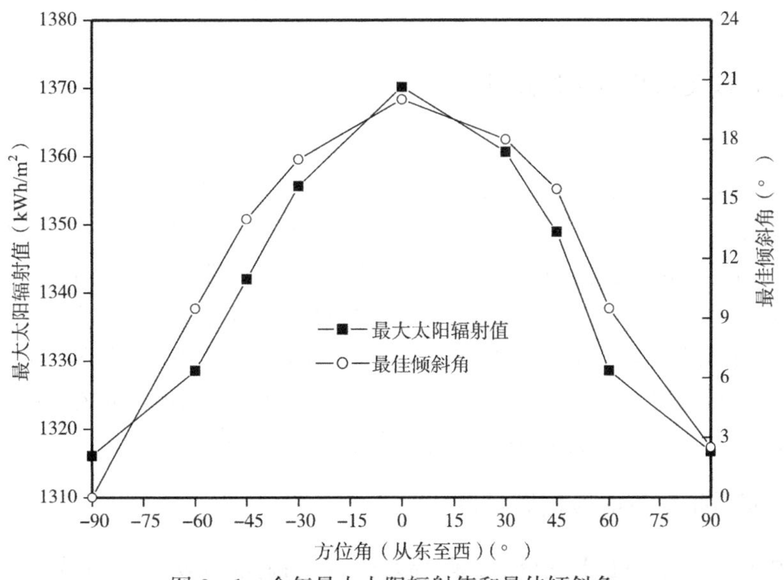

图 2-1 全年最大太阳辐射值和最佳倾斜角

由图 2-1 可以看出，对于面向南面的光伏板，获得全年最大太阳辐射对应的最佳倾斜角为 20°，即（$\phi-2.5°$）。与水平放置的光伏板相比，位于最佳倾斜角的光伏板可以多产生约 4.1%的电能。对于光伏建筑一体化系统，光伏板的倾斜角一般根据建筑壁面的形状和建筑师的设计来确定。因此分析方位角和倾斜角对光伏建筑一体化系统全年发电量的影响尤为重要，其关系如图 2-2 所示。

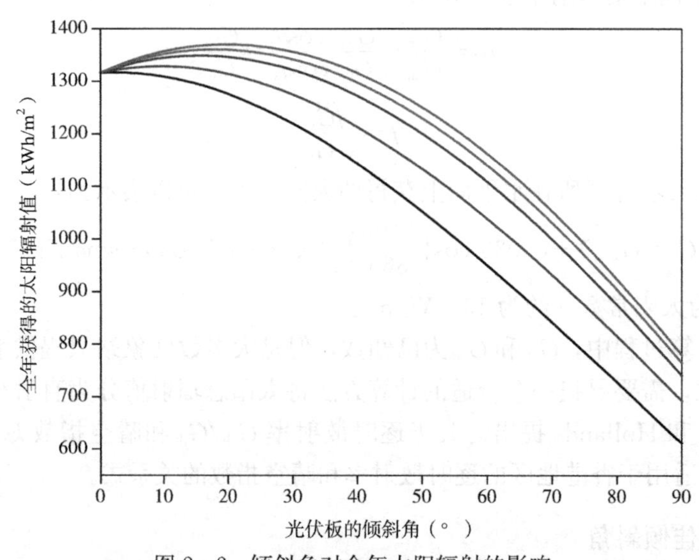

图 2-2　倾斜角对全年太阳辐射的影响

（曲线从上至下的方位角依次为 $\gamma=0°$，$-30°$，$-45°$，$-60°$，$-90°$）

图 2-2 表明除去面向东面的布置情况，当倾斜角超过 40°时可以获得的全年太阳辐射显著降低。如果光伏板为了与建筑壁面的设计一致而不得不垂直放置时，可以获得的全年总太阳辐射为 598.2kWh/m²（$\gamma=-90°$），与可以获得的最大太阳辐射 1316.1kWh/m² 相比，降低了约 54.6%。

2.1.4　季节性以及每月的最佳倾斜角

系统的可靠性是离网型光伏系统一个非常重要的因素。对于大多数地区来说，相对于夏季，冬季的太阳辐射一般较低。因此，冬季应该作为离网型光伏系统设计的基准点。通过计算可以得出冬季（12 月，1 月和 2 月）的最佳倾斜角。在香港地区，冬季可以获得最大太阳辐射对应的方位是面向南面，相应的倾斜角为 41°，即（$\phi+18.5°$）。在此情况下计算得出的太阳辐射与全年可以获得的最大太阳辐射相比，降低了约 4.3%。

如果光伏板的倾斜角可以每月进行调整或者光伏板只在特定的月份使用，则光伏板所适用的倾斜角是不同的。对香港地区来说，最佳倾斜角的最大值出现在 12 月份，可以达到 46°；而在 5 月、6 月和 7 月，最佳倾斜角则较小。

2.1.5　不同晴空指数下的最佳倾斜角

大气层外层所在水平面上获得的太阳辐射值 G_0 和晴空指数 k_T 共同决定了光伏板可以获得的太阳辐射。在香港地区，春季的晴空指数很小，导致春季的月均太阳辐射量较低。

例如在1989年，香港地区4月份的平均晴空指数只有0.24，而10月份则可以高达0.48，全年平均晴空指数约为0.39。

如果假定香港地区全年的晴空指数是定值，则面向南面布置的光伏板的最佳倾斜角随着晴空指数的增加而变大，其具体情况如图2-3所示。当全年的晴空系数为0.4时，全年最佳倾斜角为14°，即（ϕ－8.5°）；当全年的晴空系数为0.6时，全年最佳倾斜角为22°，即（ϕ－0.5°）；当全年的晴空系数为1.0时，全年最佳倾斜角为26°，即（ϕ＋3.5°）。

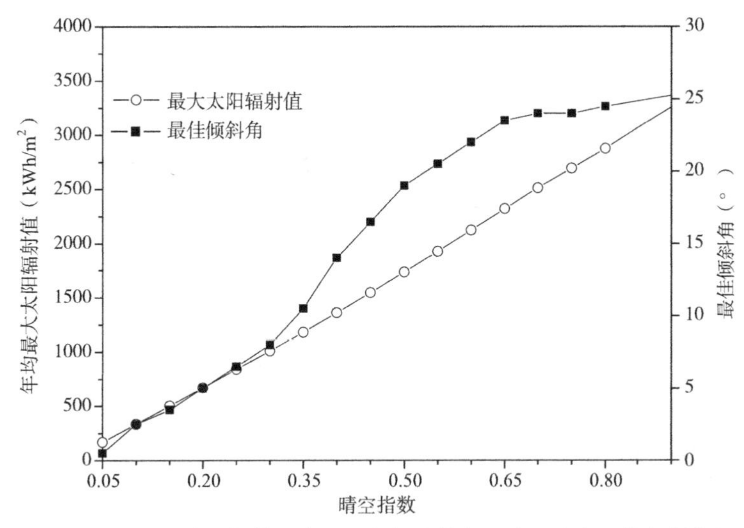

图2-3　不同晴空指数下南面方向的光伏板对应的全年最佳倾斜角

2.2　水平面倾斜光伏阵列最小间距的确定

光伏发电系统中，如果太阳能电池板采用阵列式布置，前排电池的遮挡会在后排电池上产生系统阴影。由于光伏电池具有二极管特性，部分电池在受到遮挡时就如同工作于反向电流下的二极管一样。一方面，某些功率将在太阳能电池阵列内部被损耗掉，从而减弱整个系统的有效输出功率；另一方面，所损耗的功率还会导致太阳能电池发热，降低电池组件的寿命。因此，有必要确定光伏阵列的最小间距，以确保系统正常有效地运行。

2.2.1　阴影对光伏系统的影响

在光伏系统的设计中，可能出现的阴影可分为随机阴影和系统阴影两种。随机阴影产生的原因、时间和部位都不确定。如果阴影持续时间很短，虽不会对太阳能电池板的输出功率产生明显的影响，但在蓄电池浮充工作状态下，控制系统有可能因为功率的突变而产生误动作，造成系统运行的不可靠。而系统阴影是由于周围比较固定的建筑、树木以及建筑本身的女儿墙、冷却塔、楼梯间、水箱等遮挡而造成的。采用阵列式布置的光伏系统，其前排电池可能在后排电池上产生的阴影也属于系统阴影。

处于阴影范围的电池不能接收直射辐射，但可以接收散射辐射，虽然散射辐射也可以使太阳能电池工作，但两类辐射的强度差异仍然造成输出功率的明显不同。

消除随机阴影的影响主要依靠光伏系统的监控子系统。对于系统阴影，则应注意回避在一定直射辐射强度之上时诸遮挡物的阴影区。对于阵列式的光伏系统，各光伏阵列间采用合理的最小间距可以消除其造成的系统阴影的影响。

2.2.2 光伏阵列最小间距的确定

为了避免光伏阵列之间的相互遮挡而影响其发电效率，两组光伏阵列间的距离（d）与该阵列的宽度（a）有如下的关系（见图2-4）：

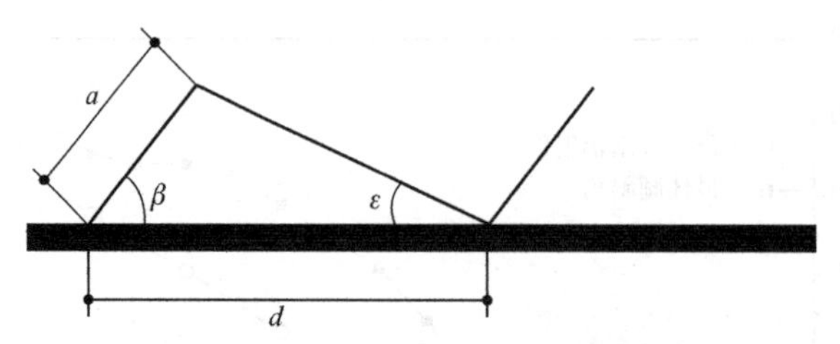

图2-4 光伏电池板安装间距示意图

$$d/a=\cos\beta+\sin\beta/\tan\varepsilon \tag{2-12}$$

式中 ε——前一排光伏阵列的遮挡角度，等于冬至日太阳正午时的方位角，计算式如下：

$$\varepsilon=90^{\circ}-\delta-\phi \tag{2-13}$$

式中 β——阵列的倾斜角度，(°)；

ϕ——当地纬度，(°)；

δ——黄道面角度，23.5°。

由式（2-12）和式（2-13）可以得到光伏阵列随地理纬度的变化关系，如图2-5所示。可以看出，随着纬度的增加，前后两排光伏阵列间的距离也应不断增大，直到达到北极圈附近时，距离应增加到无限大。实际工程中，因为要考虑到便于光伏阵列和电气装置的安装、维护，以及工作人员的操作，每排光伏阵列占用的面积应该比计算的稍大一些。

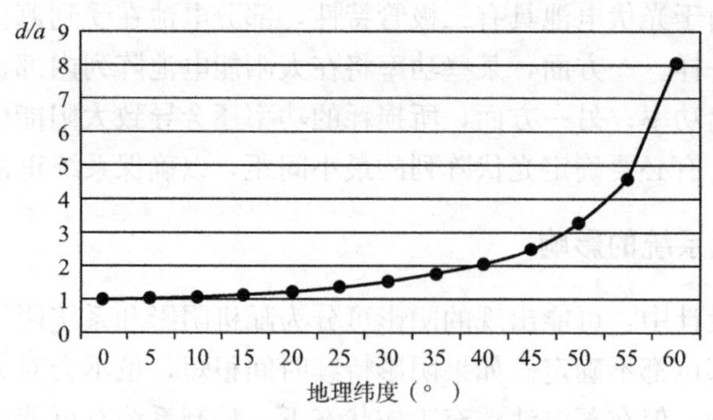

图2-5 地理纬度与光伏阵列间距的变化关系图

2.3 光伏建筑工程招标文件与招标程序

在能源和环保的双重压力下，太阳能光伏建筑技术已成为国际社会步入可持续发展道路的首选之一。通过将太阳能光伏发电系统与建筑有机结合的方式，太阳能光伏建筑技术为光伏产业的蓬勃发展注入了新的动力，也开辟了新的光伏应用领域。随着光伏建筑技术从试验阶段步入工程应用阶段，光伏建筑工程应用案例越来越多。光伏建筑工程的招标不能简单地套用现成的招标模式和程序。在工程建设的初步阶段，合理精确的招标文件和招标程序可以为光伏建筑工程的正常运转提供保证。

2.3.1 光伏建筑工程招标文件

太阳能光伏发电技术是一项快速发展的新能源技术，随着人们的节能意识与日俱增，太阳能光伏建筑工程也日益增多。太阳能光伏系统最大缺点是其工程造价高，在实际工程中，有些项目还在运行中频繁出现故障，甚至不能使用，以致完全失败。因此，有必要规范其招标文件的具体内容和所涉及的专业术语，从而保证该项目在初始阶段有效进行。目前的光伏建筑工程招标文件主要存在以下两方面的问题：

（1）招标文件的拟定者及竞标者缺乏专业知识

光伏建筑是一项复杂且技术含量很高的工程，要求其招标文件的拟定者及竞标者必须具备一定的专业知识，运用科学通用的专业名词和专业术语编制招标文件和投标书。目前，由于招标文件的拟定者缺乏专业知识，致使招标文件中经常出现让人费解的术语或单位。另一方面，参加工程竞标的竞标单位，大部分是一些随市场需求应运而生的太阳能公司，这些公司有些是单一生产太阳能电池或逆变器的厂家，有的则是通过采购太阳能电池和逆变器来做工程的集成公司，因此很少有专业人士。投标者和竞标者都不具备相关专业知识，而盲目追赶市场的做法，必然会给工程留下很多隐患。

（2）招标文件对工程要求表述不清

有些实际工程，因为其招标文件中没有将工程目的描述清楚，致使光伏建筑工程建成后没有达到预期的应用目标。比如，有些招标文件只是笼统地将其要求表述为：需要高效率、使用寿命长的节能型太阳能光伏系统，或者只简单提出系统的设计容量。这样含糊不清的表述使竞标者一头雾水，很难给出合理有效的系统设计。

为避免重复出现以上问题，光伏建筑工程招标文件应采用该领域的专业名词和术语，明确阐述系统设计要求和原则，以及系统主要部件的性能要求和安装设计要求。本节从一般性要求、项目说明、工程涉及范围、建筑设计要求、结构要求、机电设备要求、太阳能光伏板技术要求、能量转换系统、附件说明等方面对光伏建筑工程招标文件的内容进行详细说明和规范。

1. 一般性要求

光伏建筑工程招标文件首先需要明确说明对参加竞标的承包商的一般性要求。

（1）承包商负责项目以及工程依据的标准规范的说明。一般要求竞标者选用专业承包商负责整套太阳能光伏系统的设计、供应、安装及测试等项目。另外，要逐一列出系统的设计与安装须遵守的标准和规范以及当地制定的相关标准和规范。例如，IEC 有关太阳能光伏技术设备的要求以及有关国家的标准和规范。

（2）承包商须在投标文件中确认满足上述要求并提供相关证书。

（3）在合同期间和在系统调试验收之前，承包商须给所有设备和太阳能光伏电池板提供适当的防护。

（4）在合同签订的质保期内，承包商须提供系统的维修及保养服务。

（5）承包商应提供一份合理年限内的保证书，其格式应符合招标方的要求，以确认在质保期内将免费修理或替换所有由于非正常损坏及由不合适材料或系统设计而导致损坏的部件，与此相关的费用须由承包商承担。

（6）系统中的电力系统应包含太阳能光伏电池板、接线盒、能量转换系统和数据记录系统、直流电输入电压显示、交流电输出电压显示以及所有必要的感应设备和电线。

（7）承包商须负责系统设计图、计算书等资料经过设计院批核的工作。

（8）承包商须负责取得有关政府部门对系统设计的一切所需的审批。

2. 项目说明

招标文件中应对所建项目进行准确的介绍和说明。一般项目说明应包含工程内容、工程目的、应用场所和系统安装位置等内容。

3. 工程范围

（1）承包商负责供应及安装整套系统，具体包括以下内容及所有相关设备、材料、人工及施工机械等：

1）太阳能光伏电池板及有关底座和支撑架；

2）能量转换器；

3）低压电线，控制电线及线槽；

4）并入当地电网所需计量表。

（2）承包商须负责向供电部门提出并入电网的申请和图纸送审等工作。

（3）承包商须提交系统所有设备、材料质量证书、说明书的相关资料及经工程师审核的设计、施工图。

（4）承包商须提交详细的检测和调试记录表，详列所有由工程师审批的需进行的测试项目、测试内容和测试方法。

（5）在合同保修期内，承包单位须提交明确的由工程师审批的维修保养计划表，负责做一般性的定期维修保养，免费提供所需的材料和人工费。

（6）承包商须提交经过审批的详细的操作和维修保养手册，手册应包含竣工图、计算机软件表、操作方法和维修保养程序的说明等。

4. 建筑设计要求

太阳能光伏系统设计需要考虑建筑设计特性，包括但不仅限于以下方面：

（1）美学和整体外观。

（2）光伏系统的设计须符合建筑图纸的设计意图、外观和环保要求。

（3）光伏系统如太阳能光伏电池板的形状、大小、完成饰面、颜色等须由建筑师审核。

（4）光伏系统的构件将影响建筑物的外观，有关构件的饰面质量须达到建筑师的要求。

（5）应尽量减小光伏系统中太阳能光伏电池板的反射光对周围建筑的影响。

5. 结构要求

（1）承包商须负责检查建筑物上支撑太阳能光伏电池板的结构，以决定支撑的确实位置和定位构件的种类。如需要对支撑及定位构件进行修改，所有成本应由承包商负责。

（2）所有结构计算须递交建筑师及结构工程师审批。

（3）风力负荷。承包商须保证光伏系统的设计和安装符合中华人民共和国的有关国家标准。其最低风力负荷应符合中华人民共和国国家标准《建筑结构荷载规范》GB 50009－2001的规定。

（4）温差导致的位移。光伏系统的设计与设备选择应考虑由于气候及温差而引起的热胀冷缩，并提供适当措施以避免其对系统造成的损害。如需用密封胶，承包商须提供密封胶与玻璃、金属等材料的兼容性证明。此外，承包商须对光伏系统的构件进行适当处理以避免因构件各部分伸缩而发出声响。

（5）构造上的要求：

1）光伏系统的所有配件须无声地运行，不受热量、结构和风压影响；

2）太阳能电池板所能承受的荷载应满足中华人民共和国国家标准《建筑结构荷载规范》GB 50009－2001中有关屋面荷载的要求；

3）太阳能电池板及其组件必须根据有关的中华人民共和国国家标准考虑地震荷载及雪荷载，以确保在任何情况下，所有支撑太阳能光伏电池板的组件能够坚固支撑整个系统。

6. 机电方面的要求

太阳能光伏系统应满足但不仅限于以下要求：

（1）太阳能光伏系统的设备及安装需设有特选的换流器、充电器及并行输出装置。即使其系统在缺少太阳光或当地电力支持的情况下，也不会影响所提供的照明。

（2）电池组及其控制须应根据上述要求并结合当地天气情况作出计算。光伏系统的运行期间不应有任何电力间断的情况发生。

以上有关机电方面的要求需要在投标文件中提供详细资料及说明。

7. 太阳能光伏板技术要求

（1）需明确太阳能光伏板的结构、材料及性能参数等要求。

（2）承包商须根据标准测试条件在投标文件中提供太阳能电池的效率，有关资料最后需得到建筑师及相关顾问审批。

（3）承包商须在投标文件中提供太阳能光伏电池板的制造商及太阳能光伏电池板的详细资料。一般包括制造地点、生产规模，以及曾采用该太阳能光伏电池板的国内外工程数目等。

（4）光伏系统应包括分流装置以确保太阳能电池不会过热。每块太阳能电池板都应具备生产时标注的光学、机械及电力特性和编号。

（5）承包商须在投标文件中提交一份光伏系统发电情况预计的技术报告。技术报告应能够反映光伏系统的整体性能，包括但不仅限于全年不同天气和邻近建筑物遮蔽影响的电脑模拟计算。报告需列出系统每月至每小时的电力输出。报告的格式和内容最后需得到建筑师及相关顾问的审批。

8. 能量转换系统

（1）太阳能光伏系统中应包括一个中央能量转换子系统，将太阳能发电转换成交流电压输出，其中逆变器的效率应至少为94％。

（2）能量转换系统中须带有数据传送器以将下列数据传送到监控系统：

1）光伏系统的直流电压供应；

2）供给频率；

3）每相的输出电压；

4）每相的输出电流；

5）输出总能量；

6）直流电电压；

7）累积输出；

8）逆变器超负荷；

9）能量转换系统状态；

10）能量转换系统错误报告。

（3）能量转换系统须拥有以下性能：

1）有真正正弦输出电压及其低谐波畸变的逆变器；

2）准确及稳定的最大电源跟踪。

（4）能量转换系统须拥有适当的保护装置以保证系统的安全运作。

（5）能量转换系统将需以如下模式运作：

1）关闭模式；

2）准备模式；

3）软开始模式；

4）运作模式；

5）备用模式；

6）重新启动。

（6）能量转换系统需包括一个监控系统，将所有相关系统操作的信号进行显示和监测。

（7）以上对能量转换系统的要求只是一般性描述，承包商须在投标文件中提供更详细的相关资料。所有设备资料最终需得到建筑师及相关顾问的审批。

9. 招标文件附件说明

招标文件中，还应对所需附件作出详细说明。投标文件中需要的附件一般包括工程造价汇总表、工程单价表、技术摘要、设备及材料变更、设备及材料运送期、工程分包、计日工作收费、议标总价中所包括的员工每日基本工资和保养合同等。

2.3.2 光伏建筑工程招标程序

光伏建筑工程的招标可按照以下顺序进行：

（1）向竞标者发放招标文件。

（2）竞标者按照招标文件的要求，准备各种必备的文件和资料。竞标者提供的方案、有关信息和反馈等都要以书面形式提交。以上信息资料，将被录入最终的协议书。除了系统设计和安装方面要求的资料外，竞标者一般还要准备相关资质、工程背景材料，以供招标方对其进行评估。竞标者对提供的竞价进行确认。竞价一旦递交以后，不允许任何改动。

（3）对竞标单位进行评估。评估过程中主要考虑两方面的因素：技术和资金。技术因素主要包括竞标者的经验，对标书的反馈资料，提供的解决方案是否经济有效，人员配置以及工作计划等。

（4）公开竞标结果，招标单位与中标单位签署合作协议。

2.4 光伏建筑工程验收

对于光伏建筑工程，为确保设备使用安全，系统正常有效运行，必须进行专门的工程验收和定期检查，以提高系统的性能参数，延长使用寿命。民用建筑太阳能光伏系统应用技术规范的报批稿中指出建筑工程验收时应对光伏系统工程进行专项验收。并且在光伏系统工程验收前，应在安装施工过程中完成以下隐蔽项目的现场验收：

（1）预埋件或后置螺栓/锚拴连接件；

（2）基座、支架、光伏组件四周与主体结构的连接节点；

（3）基座、支架、光伏组件四周与主体维护结构之间的建筑做法；

（4）系统防雷与接地保护的连接节点；

（5）隐蔽安装的电气管线工程。

除此以外，光伏系统工程验收应根据其施工安装特点进行分项工程验收和竣工验收。所有验收应做好记录，签署文件，立卷归档。

2.4.1 分项工程验收

分项工程验收应根据工程施工特点分期进行。而对于某些影响工程安全和系统性能的工序，则必须在本工序验收合格后才能进行下一道工序的施工。这些工序至少应通过以下阶段性验收：

（1）在屋面光伏系统工程施工前，进行屋面防水工程的验收；

（2）在光伏组件或方阵支架就位前，进行基座、支架和框架的验收；

（3）在建筑管道井封口前，进行相关预留管线的验收；

（4）光伏系统电气预留管线的验收；

（5）在隐蔽工程开展前，进行施工质量验收；

（6）既有建筑增设或改造光伏系统工程施工前，进行建筑结构和建筑电气安全检查。

2.4.2 竣工验收

光伏建筑工程在交付用户使用前，还应进行竣工验收。验收的项目除外观检查外，还包括对太阳能电池阵列的开路电压、各部分的绝缘电阻及接地电阻进行测量，并记录观测结果和测量结果作为日后日常检查、定期检查时发现异常时的参考依据。推荐的检查项目如表2-1所示。

竣工验收检查项目　　表2-1

检查对象	外观检查	测量试验
太阳能光伏阵列	表面有无污物、破损； 外部布线是否损伤； 支架是否腐蚀、生锈； 接地线是否损伤，接地端是否松动	绝缘电阻测量； 开路电压测量（必要时）

续表

检查对象	外观检查	测量试验
接线箱	外部是否有腐蚀、生锈； 外部布线有否损伤，接线端子是否松动； 接地线损伤，接地线是否松动	绝缘电阻测量
功率调节器（包括逆变器、并网系统保护装置、绝缘变压器）	外壳是否腐蚀、生锈； 外部布线是否损伤，接线端子是否松动； 接地线是否损伤，接地端子是否松动； 工作时声音是否正常，有否异味产生； 换气口过滤网（有的场合）是否堵塞； 安装环境（是否有水、高温）	显示部分的工作确认； 绝缘电阻测量； 逆变器保护功能试验
接地	布线有否损伤	接地电阻测量

1. 外观检查

（1）太阳能电池组件及太阳能电池阵列

太阳能电池组件在运输过程中因某些原因可能被损坏，因此在施工时应进行外观检查。因为要在太阳能电池组件安装完成后，再进行详细的外观检查会比较困难，所以需要根据工程进行的状况，在安装前或在施工中对电池板可能会出现的裂纹、缺角、变色等进行检查。此外，对太阳能电池组件表面玻璃的裂纹、划伤、变形等，以及密封材料外框的损坏、变形等也要进行检查。

（2）布线电缆

太阳能光伏发电系统设备一旦安装完成，就长年投入使用，其中的电缆、电线等在工程施工过程中可能会被划伤或扭曲等，而导致绝缘层被破坏，绝缘电阻降低。因此，工程安装结束后不易检查的部位，应该在施工过程中选择适当时机进行外观检查并记录。

在进行电池阵列的导线布设时，除了要考虑导电率和绝缘能力外，还应遵循下列原则：

1）不得在墙和支架的锐角边缘布设电缆，以免切、磨损伤绝缘层引起短路，或切断导线引起断路；

2）应为电缆提供足够的支撑和固定，防止风吹等机械损伤；

3）布线松紧度要适当，过于张紧会因热胀冷缩造成断裂；

4）考虑环境因素影响，绝缘层应能耐受风吹、日晒、雨淋、腐蚀；

5）电缆接头要进行特殊处理，防止氧化和接触不良，必要时镀锡；

6）同一电路馈线和回线应尽可能绞合在一起。

电缆有绝缘电缆和裸电缆之分。裸电缆通常用于架空导线，如村落集中式光伏发电站向村庄的输电线路，其特点是成本低、散热性能好，但绝缘性能较差。户内则必须使用绝缘电缆。选择电缆要根据导线的电流密度来确定其截面积，适当的截面积可以在降低线损和降低电缆成本方面求得平衡。导线绝缘材料一般带有颜色，使用时应加以规范，如火线、零线和地线颜色要加以区分。通常光伏阵列到光伏发电控制器的输电线路压降不允许超过 5%，输出支路压降不超过 2%。

（3）接地端子

逆变器等电气设备，在运输过程中由于颠簸会使接线端子松动。此外，工程现场有可能存在虚连接或者为了试验临时解除连接等情况。因此施工后，在太阳能光伏发电系统运行之前，应对电气设备、接线箱的电缆接头等逐一进行复查，确认是否连接牢固，并进行记录。还需要确认正极（+或P端子）、负极（一或N端子）是否正确连接，直流电路和交流电路是否正常连接。对于这些项目的检查确认要给予重视。

（4）蓄电池及其他外围设备

对蓄电池和其他外围设备也需要进行上述检查，同时根据设备供应生产厂家推荐的检查项目和方法进行检验。

2. 系统运行状况的检查

（1）声音、振动及异味

系统运行过程中如果出现异常声音、振动、异味，要特别注意。若感到出现异常状况，一定要进行检查。特殊情况下，需要依据设备生产厂家和电气安全协会的规定进行检查。

（2）运行状态

光伏发电系统中应安装必要的电压表、电流表等测试仪器，以便观测系统的运行状况。对于住宅用太阳能发电系统，由于安装测试仪表的情况较少，进行系统运行状况检查比较困难。这种场合下，应定期通过电表（剩余电能计量用）进行电量检查。如果发现两个月的电能差值较大，建议由设备厂家和电气安全协会进行检查。

（3）蓄电池及其他外围设备

与上述检查一样，按设备供应商推荐的检查项目和方法进行。

3. 绝缘电阻的测量

为了检查太阳能光伏发电系统各部分的绝缘状态，在判断是否可以通电前，应进行绝缘电阻测量。对系统开始运行时、定期检查时，特别是出现事故时，发现的异常部位实施测量。运行开始时测量的绝缘电阻值将成为日后判断绝缘状况的基础，因此，要把测试结果记录并保存好。

由于太阳能电池在白天始终有电压，测量绝缘电阻时必须十分注意。太阳能电池阵列的输出端在很多场合装有防雷用的放电器等元件，在测量时，如果有必要应把这些元件的接地解除。还有，因为温度、湿度也会影响绝缘电阻的测量结果，在测量绝缘电阻时，应把温度、湿度和电阻值一同记录。注意，应避免在下雨时和雨刚停后测量。

4. 绝缘耐压的测量

一般对低压电路的绝缘，由制造厂在生产过程中慎重研究后制作。另外，由于通过测量绝缘电阻来检查低压电路绝缘的情况较多，通常省略在设置地的绝缘耐压试验。当有必要进行绝缘耐压试验时，应按照以下要领实施：

（1）太阳能电池阵列电路

在与前述的绝缘电阻测量相同的条件下，将标准太阳能电池阵列的开路电压作为最大使用电压，检测时施加最大使用电压1.5倍的直流电压或1倍的交流电压（不足500V时按500V计）10分钟，确认是否发生绝缘破坏等异常。在太阳能电池的输出电路上如果接有防雷器件，通常要将其从绝缘试验电路中取下。

（2）功率调节器电路

在与前述的绝缘电阻测量相同条件下，和太阳能电池阵列电路的绝缘耐压试验一样施加试验电压10分钟，检查绝缘等是否被破坏。若在功率调节器内有浪涌吸收器等接地的元件，应按照厂家规定的方法实施。

5. 接地电阻的测量

利用接地电阻表测量，检查接地电阻是否符合电气设备技术标准的规定。

6. 并网保护装置试验

在使用继电器等试验仪器检查继电器工作特性的同时，确认是否安装有与电力公司协商好的保护装置。对于具有并网保护功能的孤岛保护装置，由于各个厂家所采用的方式不同，所以，要按照设备厂家推荐的方法做试验，或直接请设备厂家进行试验。

7. 并网测试

并网太阳能光伏发电系统是将太阳能光伏发电系统与常规电网相连，共同承担供电任务。太阳能光伏发电进入大规模商业化应用的必由之路，就是将太阳能光伏系统接入常规电网，实行并网发电。太阳能光伏发电系统建成后，必须在当地电力公司工程师在场的情况下，进行运行测试，以确定太阳能光伏发电系统达到电力公司对安全、可靠性和电能质量等要求。

《光伏系统并网技术要求》GB/T 19939－2005 规定了光伏系统的并网方式、电能质量、安全与保护和安装要求，适用于通过静态变换器（逆变器）以低压方式与电网连接的光伏系统。另外，太阳能光伏系统中压或高压方式并网的相关部分也可参照此标准。此标准对并网电能质量以及安全保护问题都作了详细描述。规定光伏系统向当地交流负载提供电能和向电网发送的电能质量应该受到控制，在电压偏差、频率、谐波以及功率因数方面都要满足实用要求并符合标准。出现偏离标准的越限情况，系统应该能够检测到这些偏差并将光伏系统与电网安全断开。

图 2－6　马湾公园展厅屋顶光伏系统

香港马湾公园内展厅屋顶的太阳能光伏发电系统即是一套并网发电的光伏系统，如图 2－6 所示。该系统投入实际运行前，在中电集团工程师的监督下进行了相关并网测试，具体测试内容及步骤如下：

（1）首先要进行外观检验，包括有无相关安全通知、安全标示以及系统简图；

（2）记录系统容量，并检查系统结构布置；

（3）测量接地电阻；

（4）记录能流方向、输入功率、输入电压、输入电流等电力参数；

（5）太阳能光伏系统的功能测试，包含以下两部分测试：

1）电力重启时间：通过接通太阳能光伏系统配电盘上的微型断路器，即可记录系统重新连接所需时间；

2）孤岛保护装置和断开时间：断开微型断路器，即可记录相应的断开时间。

（6）并网连接以后，需要记录以下各电力参数：能流方向、输出功率、输出电压、输出电流。针对该项目进行的并网测试现场如图 2－7 和图 2－8 所示，图 2－9 显示了电流和电压输出讯号测量结果用于确定光伏系统断开时间。

图 2-7　测量设备连接

图 2-8　详细测量线路连接图

8. 太阳能光伏系统并网连接的检查

并网测试符合要求以后，便可以将太阳能光伏系统接入当地电网。连接完成以后，为确保连接无误和系统的有效运行，还需要进行并网连接的检查。香港理工大学第七期发展计划的一个建筑上安装了一套 22kW 的太阳能光伏系统，如图 2-10 所示。

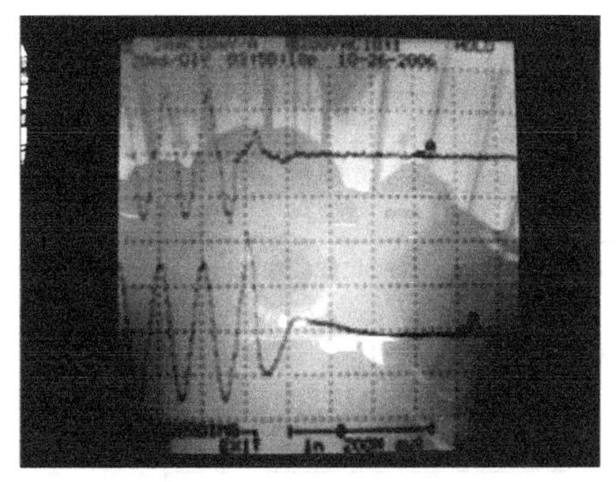

图 2-9　电流和电压输出讯号测量结果

图 2-10　香港理工大学太阳能光伏系统

该项目并入电网后，进行了以下各项检查：

(1) 依照系统设计图纸，对各安装及连接线路逐一进行检查；

(2) 检查警告标示、各测量设备及配电箱的外观；

(3) 依据产品说明对下列设备进行开关检查：微型断路器配电盘中各切断开关，各测量仪表的控制开关；

(4) 示范反孤岛保护效应线路的正常运行；

(5) 电流谐波畸变测试。该项目测试的谐波畸变情况如图 2-11 所示。图 2-12 和图 2-13 给出了详细的红相谐波失真情况。

9. 太阳能电池阵列输出功率的检查

太阳能光伏发电系统为了达到规定的输出，将多个太阳能电池组件串联、并联构成太阳能电池阵列。因此在安装场地专有接线工作场所，要对接线情况进行检查。定期检查时，通过检查太阳能电池阵列的输出，找出工作异常的太阳能电池模块和布线中存在的缺陷。

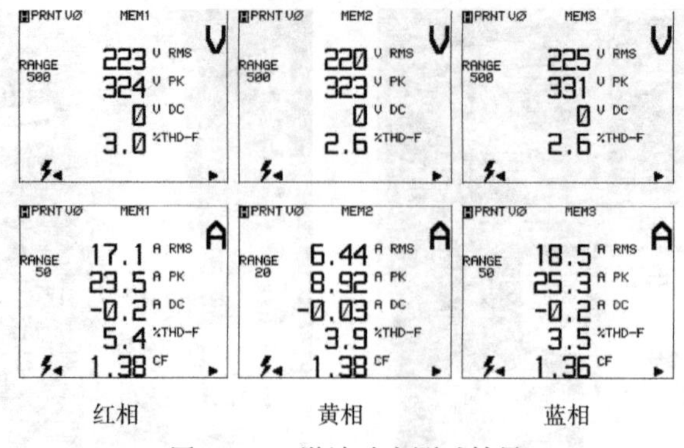

图 2－11　谐波畸变测试结果

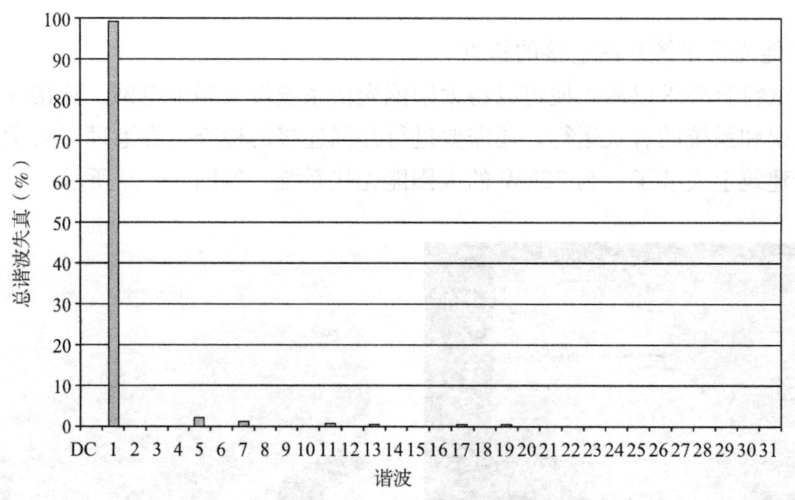

图 2－12　红相电压谐波畸变情况（223V）

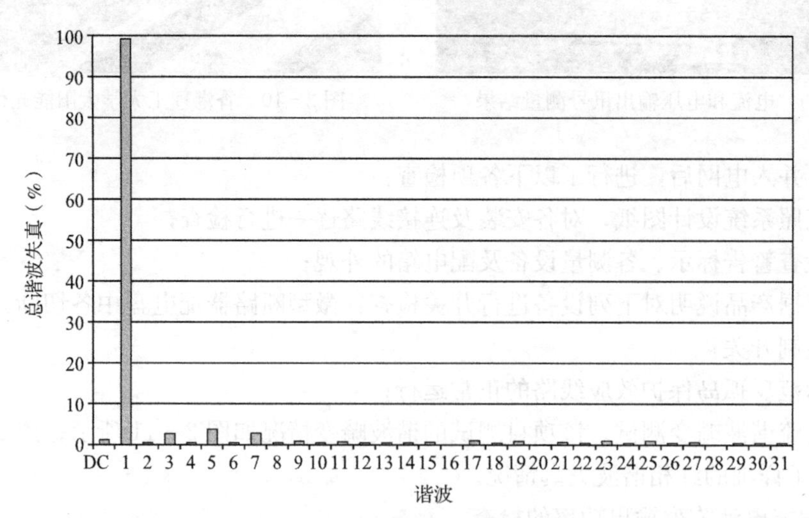

图 2－13　红相电流谐波畸变情况（17.1A）

（1）开路电压

测量太阳能电池阵列的各组件串列的开路电压时，如果开路电压的不稳定，可以检测出工作异常的组件串列、太阳能电池组件以及断开的串联连接线等故障。例如，太阳能电池阵列的某个组件串列中假如存在一个极性接反的太阳能电池组件，那么整个组件串输出电压比接线正确时的开路电压低很多。正确接线时的开路电压，可根据说明书或规格表进行确认，与测定值比较，即可判断出极性接错的太阳能电池组件。若日照条件不好，计算出的开路电压和说明书中的电压也会存在差异，但只要和其他的组件串列的测试结果进行比较，也能判断出有无接错的太阳能电池组件存在。另外，用同样的方法，也可以判断旁路二极管的两极是否连接正确。

测量时需要注意以下事项：

1）清洗太阳能电池阵列的表面；

2）各组件串的测量应在日照强度稳定时进行；

3）为了减少日照强度、温度的变化，测量应在晴天的正午时刻前后一小时内进行；

4）太阳能电池只要是白天即使在雨天都产生电压，测量时要注意安全。

（2）短路电流

通过测量太阳能电池阵列的短路电流，可以检查出工作异常的太阳能电池组件。太阳能电池组件的短路电流随日照强度变化幅度很大，因此测量最好在有稳定日照强度的情况下进行。如果存在多个相同电路条件下的组件串列，通过组件串列间的相互比较，从某种程度上也可以判断出异常的组件。

2.5 光伏建筑系统并网技术要求

在城市里建造光伏建筑工程最理想的是应用并网技术，把太阳能发电系统和当地电网并联使用，这样既可节省蓄电池费用，系统运行也安全可靠，更不用换电池。但是，光伏系统的并网发电必须要预先满足一定的要求，这里给出了某电网公司（简称公司）对并网申请的技术要点，供参考。

2.5.1 规定概述

（1）本文件规定了可再生能源系统连接380V/220V系统的一般技术要求。如果客户拥有多个以单点耦合方式连接到公用系统的低于200kWp的光伏系统，将会以整体计算。

（2）如果该光伏系统的生产力或电压大于（1）中所指，或者有特定连接点和条件，作为个别情况，将会由本公司确定额外的要求。

（3）在文件中提到的“光伏系统”是指使用逆变器变直流电为交流电的光伏系统。

（4）在文件中提到的“共同耦合点”是指在公司电网电路中最接近客户的一点，如果客户提出新的连接点，可能会与其他客户连接同一点。

（5）除本文件中的规定，客户应按照适用的法律、国际标准和其他权威的业界指南设计、维护和运作其设备和设施。

（6）为确保操作安全、系统安全和供电质量，公司可以修订、修改文件有关内容或定立条件，客户须接受并遵守这样的更改或条件。

（7）公司保留豁免行使本文件部分条款的权利。

2.5.2 系统设计

(1) 光伏系统的设计必须符合公司电网的连接。每个光伏系统的具体连接方式将根据系统的位置和类型，由公司予以个别考虑。

(2) 客户须遵守公司对设计中连接到公司的设备和系统的所有要求。

(3) 公司保留权利修改其电网，为预防可能遇上的技术问题，若系统更新需要性质和要求一致的修改，公司会事先通知客户。

(4) 客户有责任保护其设备，确保公司的系统中断、故障、开关操作或其他干扰都不会损害客户的设备。

(5) 光伏系统的保护、控制和同步系统设计，应提交公司获审批后才能安装。

(6) 未经公司核准，客户不得改变任何电力系统，也不得变更或增加其光伏系统的生产力。客户修改并重新提交的申请数据，应指出拟定的修改对公司系统运作安全性和可靠性可能造成的影响。

2.5.3 测试和检查

(1) 公司可要求客户测试其连接到公司系统的设备。这些测试是客户的责任并且必须由客户亲自完成。客户设备的测试包括典型测试、例行测试和验证测试。

(2) 典型测试需要由一个合格的测试实验室完成或见证一次，完整的测试结果必须提交公司批核。典型测试包括逆变器性能测试等。

(3) 为确保生产设备的质量，例行测试可能需要根据参数设置而定。制造商和客户都必须进行例行测试，包括测量电流互感器（CTs）和电压互感器（VTs），测试结果应提交公司批核。

(4) 验证测试必须在现场进行，在运送和安装之前的测试是不能接受的。验证测试项目包括保护、通信、控制、电流互感器和电压互感器，监控和数据采集（SCADA 系统）和同步系统，以及连接或断开光伏系统所造成的谐波电压、电流失真和电压波动。

(5) 保护和同步系统的测试应包括个别装置设定和功能测试。公司有权要求其他类型的测试，包括光伏系统的保护、控制和同步系统的设计等项目，测试结果须提交公司批核。

(6) 定期核查测试的时间间隔由公司和客户商定。

(7) 客户必须以书面形式记录所有保护装置的设定和测试结果。公司或监管机构的代表可要求客户提供记录的副本，例如作检查电表位置之用。

2.5.4 运作

(1) 客户必须按照权威的电气指南的做法，规范地操作和维护其设备，并且保存完整的记录。本公司可在合理的时间审查所有记录。

(2) 必须是有专业资质的人员在监管下才可进行光伏系统的工作。

(3) 客户的代表应能够在任何时候接收来自公司系统控制工程师的通知，以保证在紧急情况下或需要客户采取紧急行动时，做出适当的处理。

(4) 客户有责任针对光伏系统对公司的系统可能造成的干扰等任何异常状况，向公司的系统控制工程师提供咨询意见。

（5）客户须确保无功功率将不会流入公司的系统，除非符合已商讨的协议条件。

（6）客户要求其系统向暂时断开的公司系统供电的特别安排必须要得到公司同意。

（7）公司已在其系统安装自动转换器和自动重合器。在转换时，该系统可能会中断0.2秒以上甚至超过10秒而不事先通知。客户的光伏系统的设计和运作应顾及孤岛效应（客户的光伏系统仍然连接到已断开的公司系统），当公司的自动转换器和自动重合器运行时，将不容许客户的装置持续并且不同步地自动切换或重合。客户的光伏系统与公司的系统断开后，如果系统电压和频率恢复正常范围并且稳定下来，可重新建立连接。

（8）如果公司要改善其转换器和重合器或附加设备，客户应接受并遵守有关要求，否则公司不会对这些改变所造成的设备损害负责。

（9）对于任何测量、维修电流互感器和电压互感器系统的操作，客户在操作之前和完成之后都应通知公司，以便跟进检查。

2.5.5 电压和功率因子的控制

（1）客户的光伏系统应配备自动稳压器，且必须与本公司的配电变压器的自动稳压器协调一致。稳压器的电压控制情况应提交本公司审查。

（2）凡使用功率因子校正设备，客户须确保设备不会产生过度的电压干扰、浪涌电流、过高电压或与其他系统组件的共振。

（3）客户的负载功率因子在共同耦合点记录，并必须符合供电规则的要求。

2.5.6 短路电流

客户的光伏系统与公司的系统连接之后，在所有可能的操作条件下，总短路电流不得超过连接到系统的每个设备的短路电流承受能力。

2.5.7 测量和远程测量装置

（1）根据公司的规定，公司将设计、供应、拥有和维护一切必要的仪表，包括记录功率的相关设备（包括千伏安需求），公司电网与客户的光伏系统之间的能源输入和输出。

（2）客户应自行提供和安装本公司所要求的电压互感器和电流互感器，并提供表房，以便公司安装电表和其他设备。

（3）按公司的要求，测量设备应安装在供电点和光伏系统的交流电终端，这些测量包括：从客户负载和客户的光伏系统输出和输入的有功和无功功率。此外，公司也可要求安装SCADA系统和远程测量系统。

2.5.8 互连和断路开关的位置

（1）客户须提供并且在显著位置安装能够把光伏系统和公司的系统断开的手动装置（符合电压水平的断路开关、拔出式断路器、熔断器等）。

（2）断路设备必须向公司人员开放，应在门的开关位置外面用一个独立的锁，进入隔离点的通道应保持畅通无阻。客户须遵守公司指示的开关、绝缘和接地的有关规定。

（3）绝缘设施通常安装在测量点附近或者与公司商定的其他位置。

（4）客户应允许本公司随时使用绝缘设施。鉴于安全因素和法定义务，公司有权在任何必要情况下隔离客户的光伏系统。

（5）在互联点或附近，应有图表显示所有的电气连接并说明公司及客户的责任范围。

2.5.9 通信渠道

通信渠道应属于保护装置的一部分，同时提供远程控制和监测本公司与客户之间的语音通话。根据光伏系统的类型和位置，通信线路可以是电话线、电力试验线、微波或光纤等，其最终方案将由公司确定。

2.5.10 变频

如要连接到公司的系统，客户的光伏系统的正常运作的频率应保持在 51.0MHz 和 48.5MHz 之间。如果运作的频率小于 48.5MHz，应安装时间延迟器，以避免过多滋扰性的波动。

2.5.11 同步

（1）客户应负责同步协调，但必须在获得公司的批准后才可进行同步。如果光伏系统因不稳定而停止向电网输电，光伏系统应保持断开，直到公司系统的电压和频率恢复到正常值后 5 分钟以上。

（2）并联连接光伏系统和公司系统之前，有必要尽量缩小两个系统的电压差、相位角差和频率差。自动同步设备（可能内置于逆变器）须安装到断路器位置，用于连接和断开两个并行的系统。如断路器不配有同步设备，须使用机动联锁，以防止不同步的关闭。

（3）并联光伏系统和公司系统之间的耦合断路器，通常应由自动同步设备来触发接合。在手动同步的可接受性方面，本公司会根据手动开关程序和工作人员等情况予以批准。

（4）客户光伏系统在同步点的远程 SCADA 数据记录应提供给公司的系统控制中心。

（5）客户光伏系统的同步和耦合点的运作程序应通过本公司审批。

（6）共同耦合点在同步时，相对公司系统的电压波动不应该超过 3%。

2.5.12 失真和干扰

（1）客户的设备必须依照供电规则的谐波失真和其他电质量干扰规定标准设计和运作。

（2）客户设备的设计和运作应能防止直流电流入公司的系统，例如增加隔离变压器、直流电流感应器及高速断开开关等设备。无论在任何操作条件下，流入交流电的系统的直流电流不得超过逆变器额定输出的 0.5%。

（3）如光伏系统额定容量在 10kWp 以上，可能需要三相逆变器来减少不平衡电压、电流以及其他不利因素对系统的影响。

2.5.13 接地系统

（1）客户必须提供可靠的接地系统和保护设备，以确保人身和设备的安全。客户应保证接地系统在隔离本公司的系统时也能正常运作。

（2）接地系统应符合 IEEE 交流变电站接地安全指南的规定。

2.5.14 绝缘设施

客户应为光伏系统安装适当的防雷系统，以保护人员和设备免受雷击和瞬时高电压的伤害。

2.5.15 稳定

在正常和应急条件下，客户都应确保其光伏系统稳定运行。

2.5.16 保护

（1）客户应安装公司认可的标准防护装置，以防止系统损害。

（2）保护装置的要求是根据客户的光伏系统设计和生产能力而定的，一般来说，保护装置可包括：

1）隔离变压器和逆变器的保护，使系统可快速地排除故障；

2）变功率电压和电流的检测器及熔断器，可保护其他电子组件；

3）逆功率保护，可检测太阳能的损失；

4）过大电流及接地备用保护，当主要保护系统不能排除故障时适用；

5）过高或过低电压和频率不同步的保护。

在安装太阳能发电系统之前，客户须将保护系统的设计交予公司批准。

（1）客户应向公司提交每个电气保护装置的计算，在获得核准后方可开始测试和调整光伏系统。

（2）光伏系统的保护装置必须安装在安全柜内，未经授权的人员不得触碰，但可目视检查保护装置。

（3）公司可要求直接开关线路，在以下情况可把客户全部或部分光伏系统的主要开关断开：

1）公司的自动重合闸和自动开关被启动；

2）客户的保护装置不能排除主系统与光伏系统发生的故障；

3）光伏系统的运作危及本公司供电网的安全性、可靠性或供应质量。

2.5.17 须提交给电力公司的资料

客户须提交以下及其他公司所要求的技术数据和文件，以表明客户已遵守公司的技术要求：

（1）客户系统安装的技术说明图；

（2）显示电网接驳的详细建议的客户系统单线电气图表；

（3）电气概要图，包括电气保护的建议值、控制、同步、报警/监测、数据采集和测量系统/设备；

（4）电压互感器和电流互感器的安装（包括密封措施）、比率、测量和标记的准确度；

（5）显示客户的接地系统和回路布局的图纸；

（6）客户的当前、预测负载和发电量的计算；

（7）客户设备的详情，包括功能的描述、参数表、测试报告等；

（8）研究报告，内容包括负载电流、故障电流、电压/电流失真和干扰等。

参考文献

[1] Hongxing Yang，Lin Lu. The Optimum Tilt Angles and Orientations of PV Claddings for Building-Integrated Photovoltaic（BIPV）Applications.

[2] A. Goetzberger，. VU. Hoffmann.，Photovoltaic Solar Energy Generation. Berlin，New York：Springer，2005：113-135.

[3] 杨洪兴，周伟．太阳能建筑一体化技术与应用．北京：中国建筑工业出版社，2008.

[4] 沈辉，曾祖勤主编．太阳能光伏发电技术．北京：化学工业出版社，2005.

[5] 林明献编著．太阳电池技术入门．台湾：全华图书股份有限公司．

[6] Stevev Strong. Building Integrated Photovoltaics（BIPV）Whole Building Design Guide.

[7] Design Brief Building Integrated Photovoltaics.

[8] Joachim Benemann，Oussama Chehab，Eric Sachaar-Gabrial. Building-integrated PV modules. Solar Energy Materials & Solar Cells，67（2001）：345-354.

[9] 维纳姆（S. R. Wenham）等编，应用光伏学．狄大卫等译．上海：上海交通大学出版社，2008.

[10] 张雪松．太阳能光电板在建筑一体化中的应用．建筑技术，2005，(02).

[11] 宣晓东，郑先友．光伏建筑一体化中建筑外观的设计研究．工程与建筑，2007，(04).

[12] 周鉴，倪燕等．光伏建筑一体化设计浅谈．科技信息，2009，(13).

[13] Goetzberger，A and V Hoffmann. Photovoltaic Solar Energy Generation. Berlin，New York. Springer，2005.

[14] Yang，H. and L. Lu，The optimum tilt angles and orientations of PV claddings for building integrated photovoltaic（BIPV）applications，ASME Journal of Solar Energy Engineering，Vol. 129，No. 2，pp. 253-255，2007.

第 3 章 光伏建筑工程实例

城市里的建筑上安装光伏板的最佳位置是屋顶，屋顶单位面积接收的太阳辐射远比建筑物立面墙上单位面积接收的太阳辐射要多，所以设计光伏建筑时首先要考虑在屋顶安装。

3.1 香港理工大学李绍基楼光伏屋顶工程实例

香港理工大学第七期发展计划中的李绍基楼（办公室、教室、实验室）的两翼屋顶装有 22kWp 的光伏并网发电系统，于 2007 年完工，如图 3－1 所示。该光伏系统共有 126 块额定功率为 175Wp 的单晶光伏板，分为 14 个并联的光伏串，每个光伏串由 9 块光伏板串联而成。每两串 18 块光伏板连接到 1 个额定输出功率为 3kW 的逆变器，所以该光伏系统共配置了 7 个逆变器，系统图如图 3－2 所示。为了使该光伏系统获得最大的全年发电量，光伏板的倾斜角设计为 15°。两个光伏阵列基本朝南，但为了照顾建筑设计的要求，一个阵列稍稍偏西，另一个阵列稍稍偏东。

图 3－1 香港理工大学李绍基楼屋顶光伏系统

3.1.1 设备选型

如前所述，光伏电池板和并网逆变器的选择是系统设计的关键，不仅关系到光伏建筑工程初投资的多少，发电效率的高低，更要保证运行安全可靠，避免经常维修。表 3－1 和表 3－2 分别为香港理工大学屋顶光伏系统中所选光伏板和逆变器的性能参数。

光伏板性能参数 表 3－1

生产厂家	新加坡 Shell Solar PTE Ltd.
型号	SQ-175PC
额定功率	175Wp
最大功率点电压	35.4V
最大功率点电流	4.95A
开路电压	44.6V
短路电流	5.43A
长度	1622mm
宽度	814mm

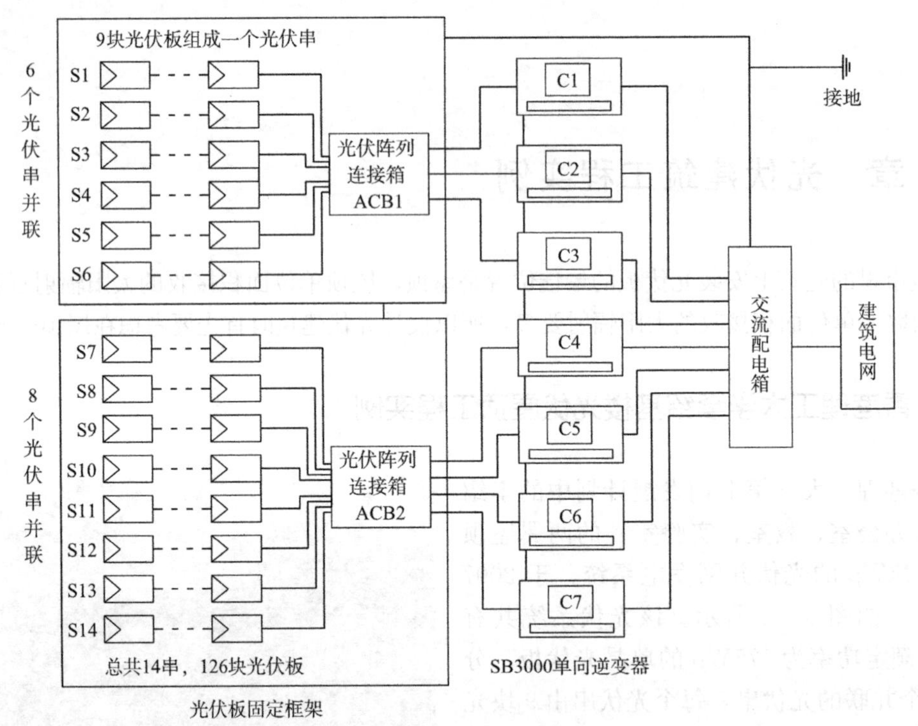

图 3-2　香港理工大学李绍基楼屋顶光伏系统示意图

逆变器性能参数　　　表 3-2

生产厂家	德国艾思玛太阳能公司
型号	SB3000
最大直流输入功率	3200W
额定交流输出功率	2750W
输入交流电压范围	268V-600V DC
输出直流电压范围	220V-240V DC
最大输出交流电流	12A AC
输出功率频率	50Hz
最大转换效率	95%

3.1.2　工程验收

香港理工大学李绍基楼屋顶光伏系统于 2007 年 4 月通过工程验收，验收的内容主要包括：光伏板的测试、光伏阵列的检查和测试以及逆变器的检查。

（1）光伏板的测试

光伏板的测试主要是为了确认光伏板是否可以正常发电。2007 年 3 月 30 日，在香港理工大学李绍基楼的屋顶上对 126 块光伏板进行了开路电压和短路电流的测试。测试用的仪器为美国福禄克公司生产的 F112 型万用表。经测试发现，所使用的光伏板均可以正常发电。

（2）光伏阵列的检查和测试

光伏阵列的检查和测试包含三个部分：光伏阵列的外观检查、电压测试和绝缘电阻的测试。

1）光伏阵列的外观检查：

确认光伏阵列中所含光伏板的数量是否与设计一致；

确认光伏阵列是否安装正确；

确认光伏阵列的连线是否正确。

2）光伏阵列的电压测试：

确认光伏阵列接线盒（ACB1 和 ACB2）的接线是否正确；

确认光伏阵列接线盒（ACB1 和 ACB2）的绝缘性是否良好。

表 3－3 为 2007 年 4 月 16 日利用 F112 型万用表测得的各串联光伏阵列的开路电压值。各串联光伏阵列的设计开路电压为 400V。在开路电压的测试中，被测试的光伏阵列需要与主电路断开。开路电压的测试都是在太阳辐射值大于 400W/m^{2}的情况下进行的。

各串联光伏阵列的开路电压 **表 3－3**

序号	开路电压	序号	开路电压
S1	345.2V	S8	342.9V
S2	345.2V	S9	344.5V
S3	344.8V	S10	344.7V
S4	344.9V	S11	344.7V
S5	345.1V	S12	343.5V
S6	343.5V	S13	343.9V
S7	344.5V	S14	344.5V

3）光伏阵列绝缘电阻的测试：

光伏阵列绝缘电阻的测试使用了日本共立仪器公司生产的 3111V 型指针式绝缘测试仪，表 3－4 中的绝缘电阻都是在测试电压为 1000V 时测得的。

光伏阵列的绝缘电阻（MΩ） **表 3－4**

位置	接地	各相之间	位置	接地	各相之间
光伏阵列和接线盒 ACB1	200	200	接线盒 ACB2 和逆变器 C7	200	200
光伏阵列和接线盒 ACB2	200	200	逆变器 C1 和交流配电箱	200	200
接线盒 ACB1 和逆变器 C1	200	200	逆变器 C2 和交流配电箱	200	200
接线盒 ACB1 和逆变器 C2	200	200	逆变器 C3 和交流配电箱	200	200
接线盒 ACB1 和逆变器 C3	200	200	逆变器 C4 和交流配电箱	200	200
接线盒 ACB2 和逆变器 C4	200	200	逆变器 C5 和交流配电箱	200	200
接线盒 ACB2 和逆变器 C5	200	200	逆变器 C6 和交流配电箱	200	200
接线盒 ACB2 和逆变器 C6	200	200	逆变器 C7 和交流配电箱	200	200

（3）逆变器的检查

逆变器的检查分四个部分进行，主要包括：逆变器的外观检查、机械检查、接线检查和通电检查。

1）逆变器的外观检查：

确认逆变器和相关部件是否完好无损；

确认逆变器和相关部件的通风情况是否良好；

确认逆变器是否安装正确。

2）逆变器的机械检查：

确认逆变器和相关部件的螺丝和接头是否旋紧；

检查逆变器和光伏阵列连接箱中绝缘开关的所有连接接头；

检查逆变器和交流配电箱的所有连接接头。

3）逆变器的接线检查：

检查光伏阵列的地线；

检查逆变器的地线；

检查逆变器和建筑电网之间的连线；

确认逆变器与光伏阵列的正负极连接是否正确。

4）逆变器的通电检查：

在逆变器通电检查前，需要向当地电网公司提交与电网接驳的申请，申请的主要内容包括申请人资料和发电系统的资料。其中申请人的资料包括：姓名、通信地址、电力公司账户号码/电表编号、联络电话、传真、电子邮件等。光伏发电系统的资料包括：

光伏系统的地址；

开始安装与预计调试的日期；

发电设备产品商/品牌及型号；

所符合的标准；

发电设备的技术规格，包括总功率、电力输出相数、电力输出的频率；

预计每年所生产的电量。

此外，也要给电力公司详细介绍光伏系统的设计，简略描述光伏系统的运作与控制模式：

①工程图纸要显示光伏系统的位置以及其他已经安装或将会安装的主要电力设备。

②配电系统的单线电路图要显示与电网接驳装置的细节及相关的电表位置及供电位置的细节。

③光伏系统与电力公司供电位置之间的电气及机械式互联锁设置，尤其是当电网出现停电时的设置。

④保护方案，连同设定值及延时值：内容主要包括过载、短路、对地故障、电压过高或过低、频率过高或过低以及孤岛效应等的预防和保护措施。

⑤控制及检测方案。光伏系统与电网接驳的条件以及此条件的侦测方法；光伏系统与电网断开的条件以及此条件的侦测方法；重新与电网接驳的延时设定值；同步检查的细节；紧急情况下由电力公司以现场或遥控模式把光伏系统与电网隔离的安排；发电量计量的安排。

⑥分析及估计在典型的一周里，负载的电力需求以及电网与光伏系统供电的分配情况。

⑦分析以下对电网的影响：三相电流平衡的影响；短路电流水平的影响；供电质量的影响（谐波失真率、功率因数以及电压闪烁）。

⑧分析光伏系统的电磁兼容性。

⑨由申请人及电力公司联合执行系统测试和程序调试。

⑩要详细列出与电网接驳的操作程序。

当与建筑电网接驳的申请获得批准后，便可以进行逆变器的通电检查。逆变器的通电检查主要有以下步骤：

①关掉逆变器和光伏阵列的绝缘开关；

②核对逆变器上 LED 灯的指示；

③将一个与逆变器容量相同的交流负荷连接到逆变器的输出端；

④确认逆变器的栅极导通延迟时间是否是 300 秒；

⑤通过逆变器上 LED 灯的指示来确认逆变器是否正常工作；

⑥用功率分析仪来检验谐波电流的畸变；

⑦打开栅极隔离开关来确认逆变器是否可以立即断开。

于 2007 年 4 月 16 日对光伏系统全部 7 个逆变器按照上述步骤进行了通电检查，结果显示 7 个逆变器性能全部符合设计要求。

3.1.3 数据采集

如图 3－3 所示，香港理工大学屋顶光伏系统的机房中放有艾思玛太阳能公司生产的 7 个逆变器和一个数据采集器，另外还有一个用来储存所采集数据的电脑。数据采集器可以获取和它相连接的每个逆变器的实时数据，主要包括：输入逆变器的直流电压和电流，逆变器输出的交流电压、电流、功率和频率，逆变器总累积的输出功率和逆变器总累积的工作小时数。此外，数据采集器还可以显示光伏系统每天累积的输出功率，总累积的输出功率和总累积的工作小时数，为评估该系统的运行效益提供了可靠保证。

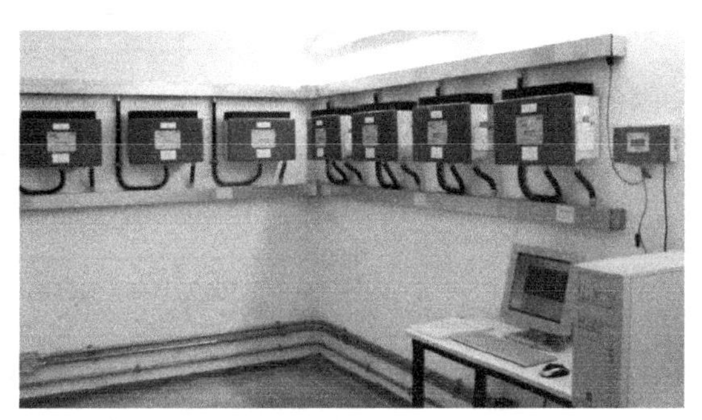

图 3－3 逆变器和数据采集系统

实测数据显示，该光伏建筑系统多年来运行可靠，每年总的发电量平均为 23000kWh（输给学校电网的电能），相当于光伏阵列每瓦装机容量发电 1.05kWh，每平方米光伏板发电量 137.3kWh，图 3－4 是该光伏系统于 2010 年的每月发电量实测值和相应的太阳能辐射值。

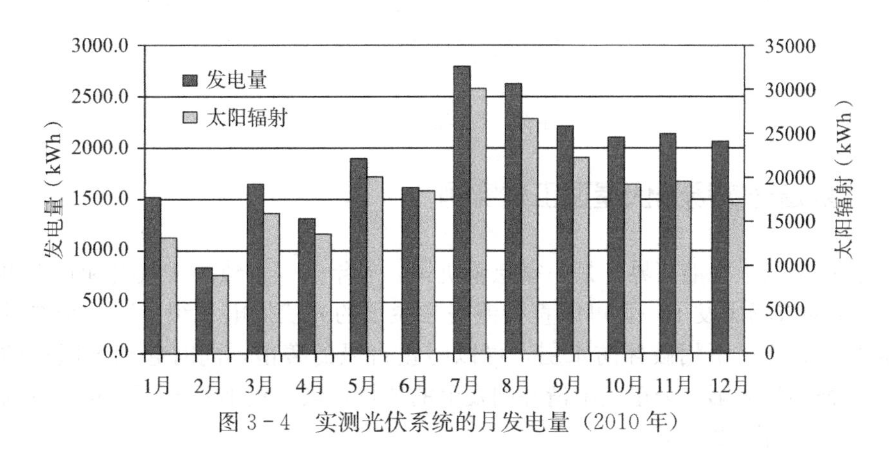

图 3－4 实测光伏系统的月发电量（2010 年）

太阳能光伏建筑不仅产生绿色电能，也减少了常规发电厂的碳排放。如果假设太阳能发电系统所节约的电能都是应该由煤炭发电厂产生的电能，该系统每年可以减少约15吨的二氧化碳排放。一个如此小的光伏建筑系统的作用有限，如果一个城市中成千上万个屋顶都安装上光伏板，节能和减排的效果巨大。

我们不仅实测了系统的发电量，也研究了系统各主要部件的效率，图3-5为实测一天的逆变器效率，图3-6为实测全年的光伏系统效率。光伏系统效率是由实际输送到电网的电能除以投射到光伏板上的太阳辐射得到的。图3-6中的效率计算是基于整个光伏板的面积，所以全年平均系统效率仅为10%；如果扣除光伏板的金属边框面积，系统效率必然会有所提高。通常单晶硅光伏屋顶的太阳能利用效率可以达到11%～15%，主要取决于光伏板的效率、逆变器的效率、安装光伏板的位置和倾斜角度等因素。

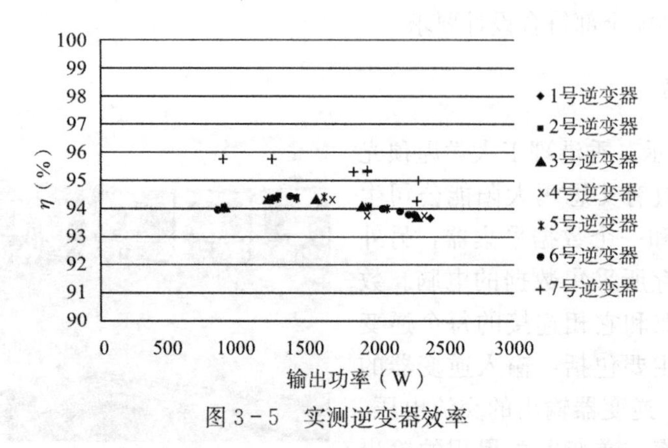

图3-5　实测逆变器效率

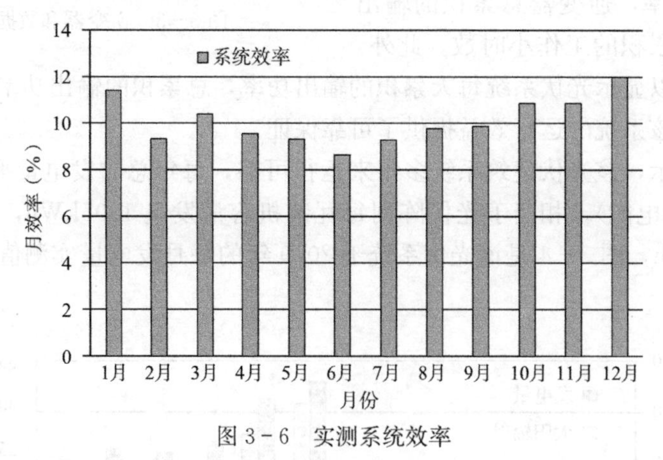

图3-6　实测系统效率

3.2　香港嘉道理农场光伏屋顶工程实例

嘉道理农场位于香港新界，是一家慈善机构，多年来一直致力于扶贫和环保事业。我们于2003年为农场研发了一套可以直接镶嵌在屋顶的光伏发电系统。该系统在设计上直接和屋顶结构相连，不用破坏防水层，可以防止台风的袭击，同时起到了屋顶的保温作用。这也是香港特区第一个正式申请并网发电的项目，虽然批准延迟了一年多的时间，但2004年终于实现了并网发电。

嘉道理农场接待处屋顶装有额定功率为4kWp，总面积为35m²的光伏阵列。图3－7是光伏系统的外观图，整个系统包括40块水平安装的多晶硅光伏板，每3块光伏板串联组成一个光伏串，整个系统共有13个光伏串，而剩余的1块光伏板则作为后备之用。图3－8和图3－9分别为光伏系统的屋顶平面布置示意图和系统示意图。光伏系统产生的电能主要用来满足接待处的照明、空调、电脑及其设备用电需求，多余的电量通过并网逆变器输送到电网。当光伏系统的发电量不能满足接待处的需求时，系统会从电网取电来供应接待处的需求。

图3－7　嘉道理农场接待处屋顶光伏系统

嘉道理农场接待处屋顶光伏系统虽然小，却是香港特区第一个正式申请并网发电的项目，在这之前，政府和当地电网公司不接受并网申请，认为光伏电站会影响电网的供电。经过一年多的努力和太阳能发电国际形势的变化，该系统于2004年终于正式实现并网发电，目前，香港光伏建筑项目的投资者只要符合技术要求都可以申请并网连接，光伏发电已经为人们接受并且比较容易获得批准。

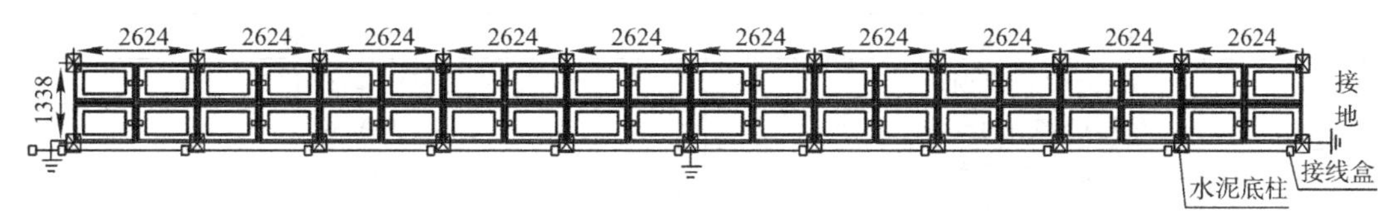

图3－8　光伏系统屋顶平面布置示意图

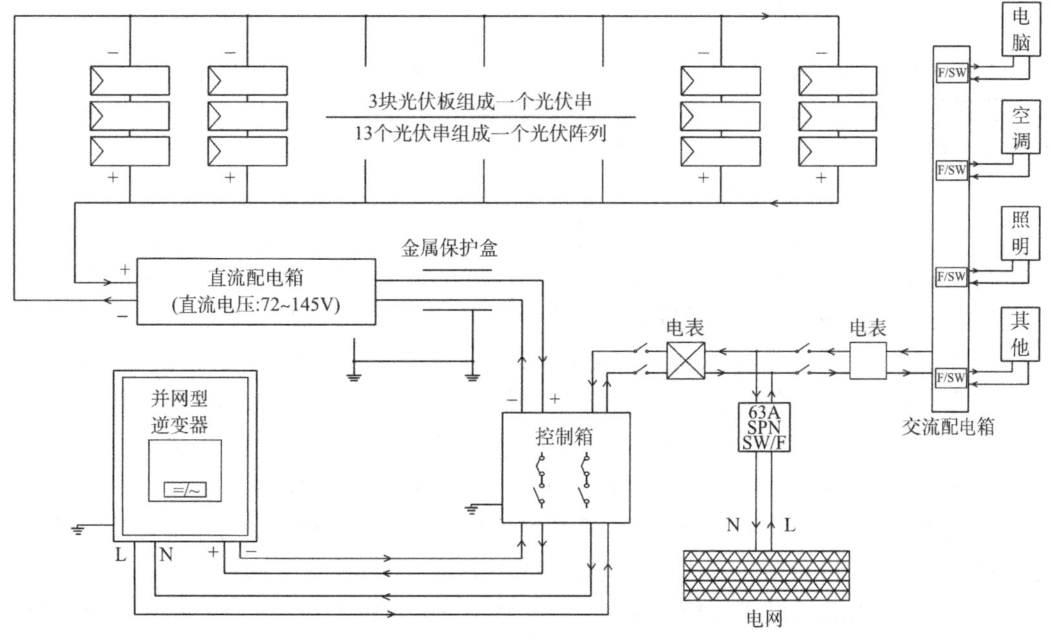

图3－9　光伏系统示意图

3.2.1 设备选型

表3－5和表3－6分别为嘉道理农场屋顶光伏系统中所选光伏板和逆变器的性能参数表。

光伏板性能参数　　表3－5

生产厂家	德国肖特太阳能公司
型号	ASE－100－GT－FT
额定功率	95Wp
最大功率点电压	34.1V
最大功率点电流	2.8A
开路电压	42.3V
短路电流	3.2A
长度	1282mm
宽度	644mm

逆变器性能参数　　表3－6

生产厂家	ASP公司
型号	TCG4000/6
最大输入直流功率	4000W
额定输出交流功率	3500W
输入直流电压范围	72V－145V DC
输出交流电压范围	195V－256V DC
最大输出交流电流	14A AC
输出交流功率频率	50Hz
最大转换效率	94%

3.2.2 屋顶冷负荷的减少

在常规建筑围护结构负荷中，太阳辐射热引起的冷负荷占3/4以上。对于光伏建筑来说，投射到建筑外表面的太阳能一部分被光伏板转化为电能，一部分被冷却空气带走，还有一部分被板面玻璃反射，进而导致建筑空调冷负荷下降，从而节约了空调耗电。这是光伏建筑的额外收益，客户在计算工程项目的经济效益时可予以考虑。

由于光伏板的能量转化效率与其工作温度有关，通过光电转换而减少的太阳辐射热、通过冷却通道流动空气排入大气的光伏阵列的对流热和通过光伏板表面温度升高而增加的对外辐射热，可以由一组相互关联的方程决定。因此，空调负荷的计算必须考虑光伏板效率、太阳辐射强度、大气温度、环境辐射温度、环境风速、光伏阵列的形式和安装方式、冷却通道的长度和结构等因素，并建立动态的能量平衡方程。原来依据建筑材料对辐射热的吸收特性而考虑温度波的衰减和延迟，进一步计算空调冷负荷的方法不再适用。

根据光伏建筑的特点可知，为提高光伏系统的发电效率，应尽量降低光伏阵列的温度，而该温度的降低又有利于减少空调系统冷负荷，二者相辅相成。对于嘉道理农场屋顶光伏系统，屋顶的冷负荷在光伏板安装前后区别很大，一年中的分布如图3－10所示。从图中可以看出，如果安装光伏板，接待处每年从屋顶降低的冷负荷为86.5kWh/m^2，高达69.7%，因此通风的直接镶嵌式光伏板设计可以有效减少房屋顶层的冷负荷。

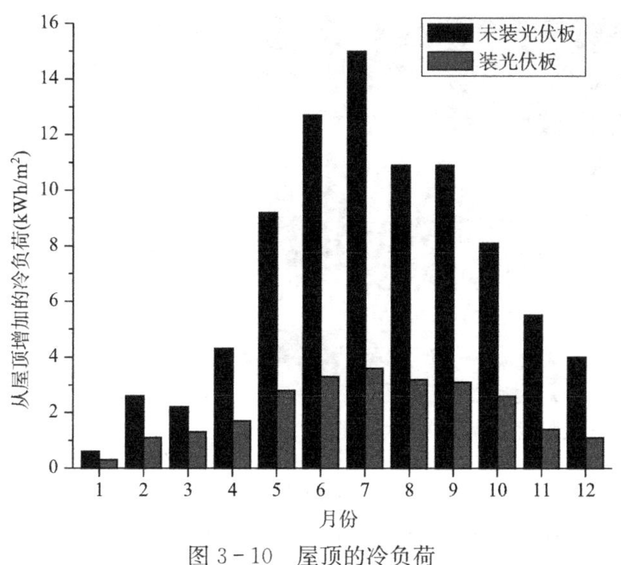

图 3-10 屋顶的冷负荷

3.2.3 五年后的测试分析结果

该光伏系统经过几年的稳定运行，检测结果表明平均年发电量约为 2500kWh，与设计估算结果相差甚远。为更加准确地了解光伏系统各个部件的性能，为以后光伏系统的设计、施工以及维修提供信息，笔者对嘉道理农场光伏系统进行了性能评估，连续测量从 2006 年 1 月到 2007 年 12 月的发电量和太阳辐射值。图 3-11 给出了光伏系统在整个评估期间的月发电量以及月均发电效率的变化图，平均效率仅有 7%左右。

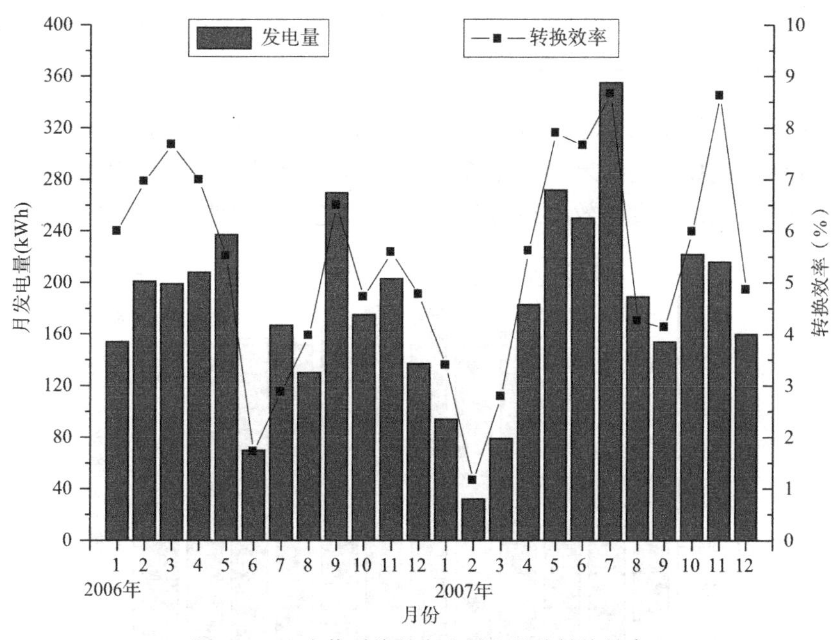

图 3-11 光伏系统月发电量和月均转换效率

为了确定光伏板本身在使用五年后的效率衰减情况，笔者专门将嘉道理农场屋顶光伏

图 3-12　香港理工大学太阳能实验室中的太阳能模拟器

系统中的一块光伏板拿到香港理工大学太阳能实验室测试了它的各项性能参数。图 3-12 所示为测试中使用的太阳能模拟器，此模拟器可以提供高达 1300W/m^{2}的太阳辐射。表 3-7 给出了光伏板出厂时厂家提供的性能参数和使用五年后在实验室中测试得到的性能参数。这两组性能参数都是在标准测试状态即太阳辐射值为 1000W/m^{2}和温度为 25℃时测得。从表 3-7 中可以看出，经过五年的使用，光伏板转换效率的衰减非常小，约为 2.6%，每年的衰减率约为 0.5%，而且部分衰减还是因为灰尘和玻璃表面的变化造成的。如果光伏板的寿命是 25 年，则在寿命终点时光伏板的效率仍可以达到 10%，这是单晶或多晶光伏板应用到光伏建筑上的好处之一。

光伏板的性能参数对比　　**表 3-7**

性能参数	厂家（出厂时）	实验室（五年后）
最大功率	95W	92.9W
最大功率点电压	34.1V	34.03V
最大功率点电流	2.8A	2.73A
开路电压	42.3V	41.48V
短路电流	3.2A	3.01A
转换效率	11.5%	11.2%

为了找出运行五年后系统效率变低的原因，笔者进行了现场实测，图 3-13 和图 3-14 是对该光伏系统的现场实测结果。从现场实测结果可以看出，太阳辐射在 500～850W/m^{2}之间时，整个光伏系统的发电效率约为 7%～8%，逆变器的效率约为 84.4%。另外，经

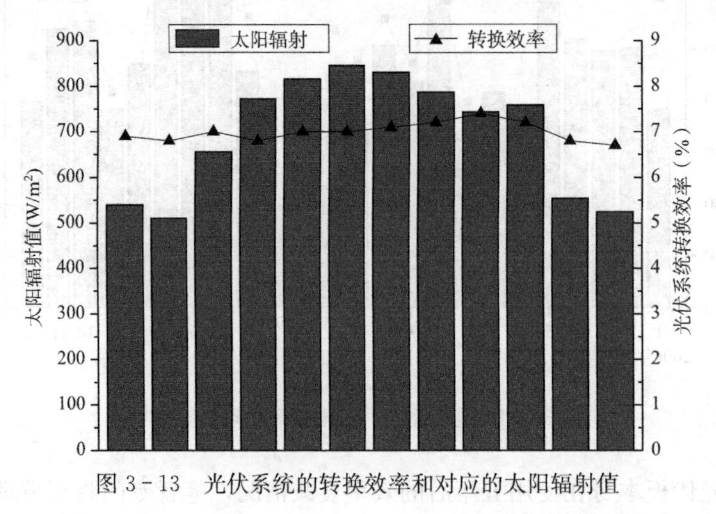

图 3-13　光伏系统的转换效率和对应的太阳辐射值

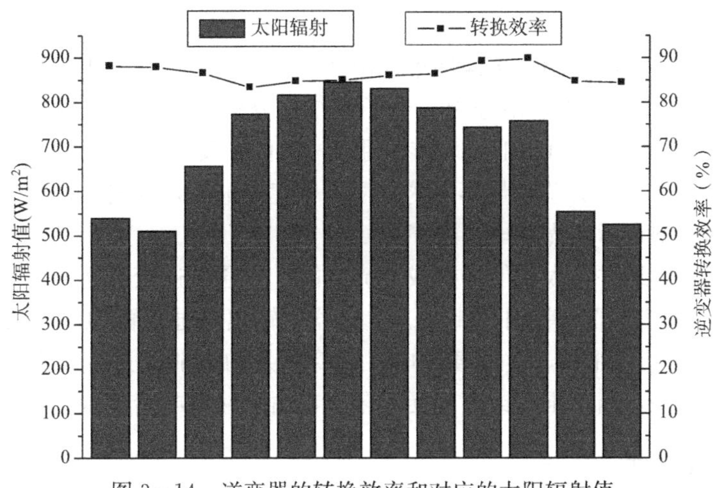

图 3-14　逆变器的转换效率和对应的太阳辐射值

过评估发现，光伏系统中各设备的能源效率也不容忽视，虽然单一光伏板的实验室实测效率仍然在 11%左右，但由于树荫和附近建筑物的遮挡，以及逆变器、控制器和传输线路的电力损失，最终的光伏系统能源利用效率仅有 7%～8%左右。由此可见，在设计建筑一体化光伏系统时选择高效率的设备，考虑日后附近遮挡问题和进行优化设计都是很重要的。

图 3-15　嘉道理农场屋顶光伏阵列

图 3-15 为嘉道理农场屋顶光伏阵列五年后被周围长大的树木遮挡的照片。此图摄于下午，由于太阳光被西面的树荫和北面的建筑遮挡，在光伏阵列的表面出现了因遮挡而产生的阴影区域。从图中可以看出，除南面的 10 块光伏板外，其余光伏板皆被遮挡，也就是说光伏阵列中只有南边的这 10 块光伏板可以正常发电。当串并联的光伏阵列中有一个光伏板或光伏串不能正常发电时，整个光伏阵列的发电量将会大大降低，所以此时光伏阵列的转换效率远远低于未出现遮挡区域时的正常转换效率。在设计光伏建筑时考虑周围树荫和建筑对光伏阵列潜在的遮挡也是非常重要的。

3.3　深圳国际园林花卉博览园 1MWp 并网光伏电站项目

深圳市地处广东省南部沿海，北回归线以南，东经 113°46′～114°37′，北纬 22°27′～22°52′之间。属于亚热带海洋性气候，雨量丰沛，日照时间长，气候温和。春季平均气温在 20℃左右，夏季平均气温为 28℃，秋季平均气温为 25℃，冬季平均气温为 12℃。常年平均温度为 22.4℃，最高为 36.6℃。常年主导风向为东南风，年平均日照时数为 2120.5 小时，太阳年辐射量为 5404.9mJ/m²。据统计，全年 10 分钟最大平均风速为 30m/s，瞬时最大风速为 44.9m/s。

深圳国际园林花卉博览园位于深圳市福田区，占地面积为 0.66km^2。深圳国际园林花卉博览园的 1MWp 并网光伏电站分为五个子系统，分别安装在四个场馆（综合展馆、花卉展馆、游客服务管理中心和南区游客服务中心）及北区东山坡，电站总容量为 1000kWp，是当时已完工的总容量第一的并网光伏建筑电站，同时也是当时世界上为数不多的兆瓦级并网大型太阳能光伏电站之一。

该电站利用光伏组件将太阳能转换成直流电能，再通过逆变器将直流电逆变成 50Hz、230/400V 的三相或 230V 的单相交流电。逆变器的输出端通过配电柜与变电所内的变压器低压端（230/400V）并联，对负载供电，并将多余的电能通过变压器送入电网。该系统无蓄电池储能设备，当阴雨天或夜间无太阳时，由电网供电给负载。

3.3.1 系统主要部件

该 1MWp 并网光伏建筑电站的主要部件包括光伏组件和并网逆变器。共采用了三种型号的光伏组件，分别是：BP 太阳能公司生产的单晶硅光伏组件 BP4170S（标准测试条件下，开路电压为 44.4V，短路电流为 5.1A，最大功率点电压为 35.6V，最大功率点电流为 4.78A，最大功率为 170Wp）、多晶硅光伏组件 BP3160S（标准测试条件下，开路电压为 44.2V，短路电流为 4.8A，最大功率点电压为 35.1V，最大功率点电流为 4.55A，最大功率为 160Wp）以及日本京瓷公司生产的多晶硅光伏组件 KC167G（标准测试条件下，开路电压为 28.9V，短路电流为 8.00A，最大功率点电压为 23.3V，最大功率点电流为 7.20A，最大功率为 167Wp）。

所采用的并网逆变器也分为三种型号：SC125LV（额定功率为 125kW）、SC90（额定功率为 90kW）以及 SB2500（额定功率为 2.5kW）。其中，SC125LV、SC90 为集中型逆变器，SB2500 为串式逆变器。上述三种型号的并网逆变器均由德国 SMA 公司生产。

3.3.2 综合展馆子系统

图 3-16 综合展馆太阳能光伏屋顶

如图 3-16 所示，综合展馆子系统容量为 168.64kWp，共安装了 992 块 BP4170S 光伏组件、2 台 SC90 逆变器。将布置在综合展馆屋顶的 992 块光伏组件，按每 16 块串联成一串，组成 62 个光伏组件串；62 个光伏组件串的直流输出汇集入 6 个接线箱（安装在屋顶）；每 3 个接线箱的直流输出汇集入一台逆变器，共 2 台 SC90 逆变器（安装在二楼控制室）。2 台 SC90 逆变器的三相交流输出汇集入控制室内的交流配电柜，通过综合展馆一楼的 KTAP 配电柜，并入安装在半地下车库配电室的 1250KVA 变压器的 380V 低压母线。

3.3.3 花卉展馆子系统

图 3-17 花卉展馆太阳能光伏屋顶

花卉展馆子系统，如图 3-17 所示，容量为 276.28kWp，共安装了 76 块 BP4170S、1646 块 BP3160S 光伏组件和 2 台 SC90 逆变器、10 台 SB2500 逆变器。

布置在花卉展馆屋顶不受阴影遮蔽区域的 1536 块 BP3160S 光伏组件，按每 16 块串联成一串，组成 96 个光伏组件串；每 16 个光伏组件串的直流输出汇集入 1 个直流接线箱，共 6 个接线箱（安装在屋顶）；每 3 个接线箱的直流输出汇集入一台 SunnyCentral 逆变器，共 2 台 SC90 逆变器。

布置在受玻璃圆锥阴影遮蔽区域的 76 块 BP4170S 和 110 块 BP3160S 光伏组件，按每 8、9 或 10 块串联成一串，组成 20 个 SPB 光伏组件串；每两个串联组件类型和数量相同的 SPB 组件串接入一台 SunnyBoy 逆变器，共 10 台 SB2500 逆变器。

10 台 SB2500 逆变器的交流输出按照 3、3、4 的组合，分为基本平衡的三相，与 2 台 SC90 逆变器的交流输出汇集入控制室内的交流配电柜，并入安装在花卉展馆配电室的 800kVA 变压器的 380V 低压母线。

3.3.4 游客服务管理中心子系统

图 3-18 游客服务管理中心太阳能光伏屋顶

游客服务管理中心子系统（见图 3-18）容量为 144.16kWp，共安装了 848 块 BP4170S 光伏组件和 1 台 SC90、9 台 SB2500 逆变器。

布置在游客服务管理中心屋顶不受阴影遮蔽区域的 688 块光伏组件，按每 16 块串联成一串，组成 43 个光伏组件串；43 个光伏组件串的直流输出按 15、14、14 的组合，分别汇集入 3 个接线箱（安装在屋顶）；3 个接线箱的直流输出汇集入一台 SC90 逆变器（安装在一楼配电室）。

布置在受阴影遮蔽区域的 160 块光伏组件，按每 8 或 9 块串联成一串，组成 18 个 SPB 组件串；每两个光伏组件数量相同的 SPB 组件串接入一台 SunnyBoy 逆变器，共 9 台 SB2500 逆变器（安装在屋顶）。9 台 SB2500 逆变器的交流输出按照 3、3、3 的组合，分为基本平衡的三相，与 SC90 逆变器的交流输出汇集入交流配电柜，并入安装在游客服务管理中心配电室的500kVA变压器的380V低压母线。

3.3.5 南区游客服务中心子系统

图3-19 南区游客服务中心太阳能光伏屋顶

南区游客服务中心子系统（见图3-19）容量为89.6kWp，共安装了560块BP3160S光伏组件和1台SC90逆变器。这560块光伏组件，每16块串联成一串，组成35个光伏组件串；35个光伏组件串的直流输出按12、12、11的组合，分别汇集入一个SMU直流接线箱，共3个接线箱（安装在屋顶）；3个接线箱的直流输出汇集入1台SC90逆变器（安装在一楼控制室）。SC90逆变器的交流输出通过交流配电柜，并入安装在游客服务管理中心配电室的500kVA变压器的380V低压母线。

3.3.6 北区东山坡子系统

北区东山坡子系统容量为321.642kWp，共安装了1926块KC167G光伏组件和2台SC125LV、18台SB2500逆变器。

布置在北区东山坡不受阴影遮蔽区域的1620块光伏组件，按每18块串联成一串，组成90个光伏组件串；90个光伏组件串按8、8、8、8、8、5、8、8、8、8、8、5的组合，分别汇集入12个接线箱（安装在坡面）；6个接线箱的直流输出汇集入一台SunnyCentral逆变器，共2台SC125LV逆变器（安装在山坡控制室）。

布置在受阴影遮蔽区域的306块光伏组件，按每17块串联成一串，组成18个SPB光伏组件串；每个SPB组件串接入一台SunnyBoy逆变器，共18台SB2500逆变器（安装在坡面）。18台SB2500逆变器的交流输出按照6、6、6的组合，分为基本平衡的三相，与2台SC125LV逆变器的交流输出汇集入控制室内的交流配电柜，并入安装在半地下车库配电室的1250kVA变压器的380V低压母线。

3.3.7 电网质量保证和安全措施

SMA公司所生产的集中型和串式逆变器均配置有高性能滤波电路，使得逆变器交流输出的电能质量很高，不会对电网质量造成污染。在输出功率≥50%额定功率，电网波动<5%情况下，SC125LV和SC90逆变器的交流输出电流总谐波分量（THD）<3%，SB2500逆变器的交流输出电流总谐波分量（THD）<4%。

SC125LV、SC90和SB2500逆变器均为并网型逆变器，在运行过程中，需要实时采集交流电网的电压信号，通过闭环控制，使得逆变器的交流输出电流与电网电压的相位保持一致，以便功率因数能保持在1.0附近。

3.3.8 “孤岛效应”防护手段

系统中所有逆变器均采用了两种“孤岛效应”检测方法，包括被动式和主动式。被动式检测方法指实时检测电网电压的幅值、频率和相位。当电网失电时，会在电网电压的幅值、频率和相位参数上，产生跳变信号，通过检测跳变信号来判断电网是否失电；主动式检测方法指对电网参数产生小干扰信号，通过检测反馈信号来判断电网是否失电，例如通过测量逆变器输出的谐波电流在并网点所产生的谐波电压值，计算电网阻抗来进行判断，当电网失电时，会在电网阻抗参数上发生较大变化，从而判断是否出现了电网失电情况。

此外，在并网逆变器检测到电网失电后，会立即停止工作，当电网恢复供电时，并网逆变器并不会立即投入运行，而是需要检测到电网信号在持续一段时间（如 90 秒）内完全正常，才重新启动。当停电对设备和线路进行检修时，需要先断开并网逆变器。

3.3.9 光伏电站交直流侧的电气隔离

逆变器均带有隔离变压器，使得逆变器的直流输入和交流输出之间存在电气隔离。直流侧的光伏组件阵列为“浮地”，正负极与地之间都没有电气连接，且逆变器在运行过程中，随时检测直流正负极的对地阻抗，从而保证了逆变器直流侧的短路故障不会影响到电网。

3.3.10 监测手段

深圳国际园林花卉博览园 1MWp 并网光伏电站共提供了三种监测手段：第一种手段是通过安装在集中型逆变器和 SBC＋面板上的 LCD 液晶显示屏分别观察集中型逆变器和串式逆变器的运行参数（包括直流输入电压和电流、交流输出电压和电流、功率、电网频率等）及故障代码和信息（注：SBC＋全称为 SunnyBoy Control Plus，具有测量环境参数，如辐照度、环境温度等，收集串式逆变器运行信息以及同 PC 机通讯的功能）；第二种手段是通过安装在五个子系统太阳能控制室的 PC 机观察实时运行数据，其中，安装在综合展馆太阳能控制室的 PC 机还作为中央监测计算机，实时采集其余四个安装地点的运行数据，并将整个深圳国际园林花卉博览园 1MWp 并网光伏电站的运行数据在综合展馆序厅入口的 LED 室内显示屏上集中显示出来；此外，还可以将并网光伏电站的运行参数发布到互联网上，并实时刷新。

3.4 北京火车南站太阳能光伏发电系统

北京市地理位置为北纬 39°，东经 116°。据统计，年日照时间为 2780.2h，属于我国二类太阳能资源区域，太阳年辐射总量高于 1400kWh/m^2，为北京地区利用太阳能提供了较为有利的自然条件。北京南站位于北京市崇文区西南角与丰台区右安门地域的交界处。建筑面积 220616m^2，雨篷部分 63404m^2，高架部分 31500m^2。屋面分为中央椭圆形屋面及无站台柱雨篷屋面，总面积很大，有条件使用太阳能板，整体效果如图 3－20 所示。站房附近没有高大建筑物，不存在遮挡物，比较适合太阳能发电。

由于北京南站站台照明为一级负荷，照明设备容量大，若采用独立太阳能发电系统，需

图 3-20　北京南站站房效果图

配置大容量蓄电池，因此采用并网太阳能发电系统。在屋顶安装太阳能光伏电池与建筑一体化组件，系统输出交流220/380V电压，从两点并入站房低压配电系统。白天，将太阳能电池组件产生的电能经处理后直接汇流给低压配电母线，供给负荷使用；夜间，太阳能电池组件无法工作，完全由电网供电。整个光伏系统由太阳能光伏电池方阵、逆变器、汇线盒、防雷箱、直流配电柜、交流配电柜及电力电缆构成，如图 3-21 所示。

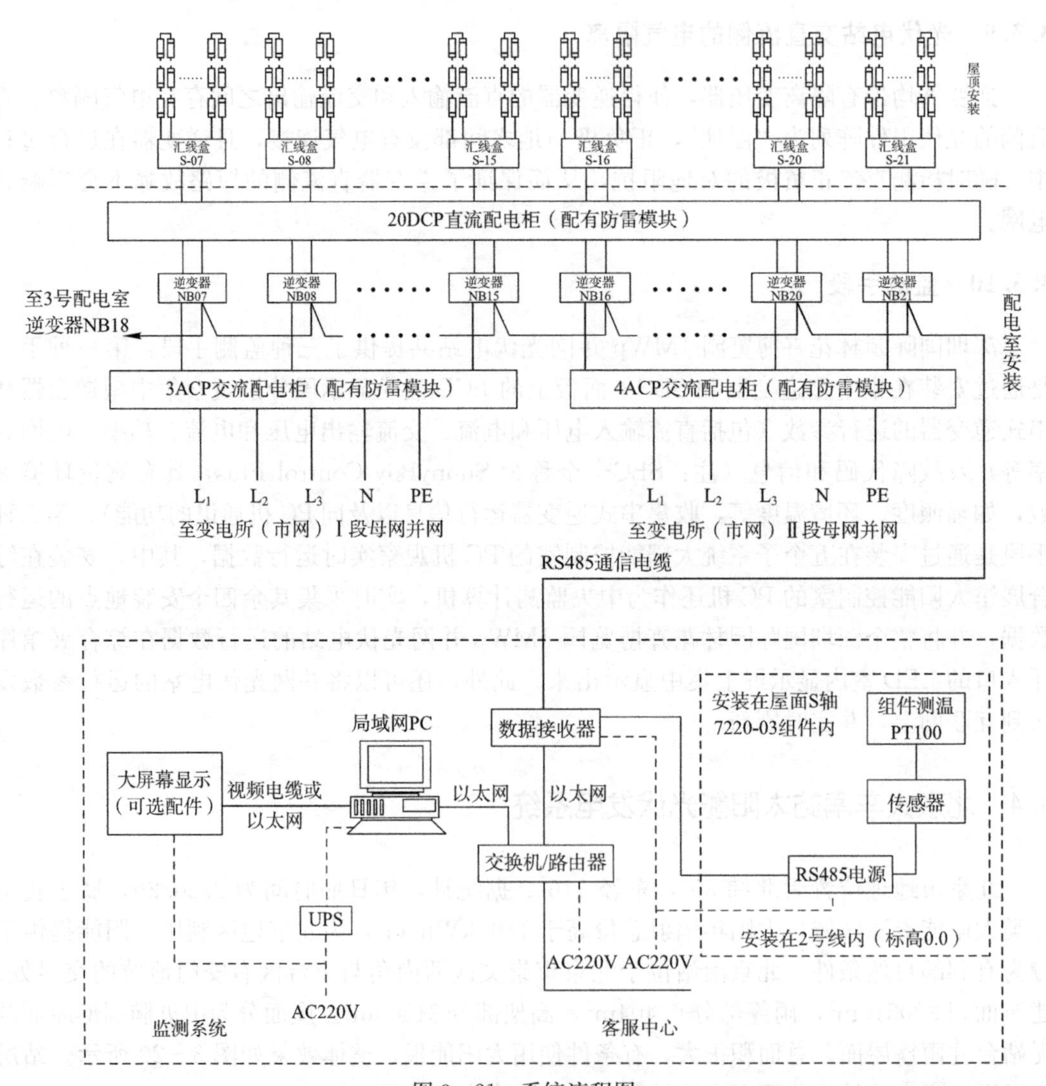

图 3-21　系统流程图

（图片来源：李康彦，北京南站太阳能光伏发电系统设计探讨）

太阳能电池板安装部位在主站房屋面中央采光天窗上，中央采光屋面面积共约14000m²。整个光伏方阵分布在最大长度约为400m，最大宽度约为50m的屋面上，光伏方阵朝向为北偏西45°，倾角为7°。采用了由2块和3块75W的CIGS太阳能电池组件加封装玻璃构成的光伏全玻璃组件，单块光伏全玻璃组件的功率分别为150W和225W。其中由2块太阳能电池板构成的光伏全玻璃组件数量为720块，总功率为108kWp；由3块太阳能电池板组成的光伏全玻璃组件数量为604块，总功率为135.9kWp。其光伏全玻璃组件共为3264块，系统总安装容量为244kWp，由于屋面的安装角度为北偏西，以0.92的安装角度损耗系数修正，因此系统实际峰值容量大约为220kWp。

太阳能光伏发电系统由30个子系统组成，每个子系统均由太阳能光伏方阵、汇线盒、直流配电柜、逆变器、交流配电柜及若干动力电缆构成；其中1～6和22～30子系统的并网设备安装在3号配电室内，7～21子系统的并网设备安装在2号配电室内。

该系统采用由德国SMA公司生产的SMC8000TL光伏并网逆变器，每个光伏子系统配置1台，总计30台。

该系统使用光伏方阵汇线盒共30个，即每个光伏子系统配置1个。汇线盒将每个光伏子系统中的20个组件串接汇聚到一起，使得输出电压达到420～534V、电流达到8～12A。

太阳能发电系统的实际发电功率和发电量随着自然气候条件的变化而波动，无法通过计算精确预测。但根据光伏系统设计软件PVSYST的分析，该系统在峰值发电功率为220kWp的情况下，年输出电量约为223600kWh。

3.5 香港湾仔大楼光伏玻璃幕墙工程

香港湾仔大楼光伏玻璃幕墙工程作为政府资助建设的第一个示范工程，设在香港湾仔政府大楼上，是一个附设于建筑物的并网式光伏系统试验计划。这项计划旨在评估附设于建筑物的光伏系统在香港的地理和气候条件下的发电效能，向公众展示如何在建筑物中应用光伏科技和探索并网式光伏发电系统的设计和安装方法。本地和国际公司均获邀竞投此工程项目，藉此将世界各地的先进光伏科技引入香港。该项工程的设计及安装始于2002年4月，终于2002年12月，历时8个月。

光伏系统的安装地点为香港湾仔港湾道12号湾仔政府大楼。此大楼共有24层，楼内有数个政府部门的办公室及一个位于地面的咖啡店。大楼的地理坐标为北纬22°16′50″，东经114°10′30″，而大厦南侧屋面的方向为正南偏东5°。湾仔政府大楼的实景如图3-22所示。

整个光伏系统主要包含3个子系统，以展示不同的光伏科技在香港的应用方法，它们分别是：安装在大楼天台的屋顶支架式子系统（见图3-23），安装在大楼一楼至十二楼南向表面上的窗外遮篷式子系统（见图3-24），和安装在大楼正门入口大堂的天窗式子系统（见图3-25）。此并网式光伏系统不设蓄电池，这也是香港第一个并网光伏建筑系统，当时当地的两家电网公司仍然不允许其他并网光伏电站的建设。光伏板的总伸展面积约为493m²，总装机容量为56kWp，表3-8总结了该系统的设计细节。

图 3－22　大楼的实景

（图片来源：http：//re. emsd. gov. hk/sc _ chi/gen/overview/files/stage _ 2 _ es _ chi. pdf）

图 3－23　支架式子系统

图 3－24　遮篷式子系统

图 3-25　天窗式子系统

附设于湾仔政府大楼的光伏系统明细表　　表 3-8

光伏子系统	支架式子系统	遮篷式子系统	天窗式子系统
额定功率	20.16kWp	25.80kWp	10.08kWp
光伏系统面积	164.70m^2	231.84m^2	95.98m^2
光伏模块	252×80Wp 模块	336×76.8Wp 模块	35×288Wp 模块
电池种类	多晶硅	单晶硅	单晶硅
光伏模块的连接	2 列；每列有 7 个并联的光伏串；每串由 17 个光伏模块串联而成	2 列；每列有 8 个并联的光伏串；每串由 21 个光伏模块串联而成	1 列；每列有 7 个并联的光伏串；每串由 5 个光伏模块串联而成
安装方位	向南倾斜 10°	垂直；面向南方	垂直；面向南方
特征	安装在大厦天台作为发电装置	产生电力，减少从窗户吸收太阳辐射热	成为向南玻璃入口整体设计的一部分，产生电力，减少从天窗吸收太阳辐射热
逆变器	20kW	20kW	10kW

在系统中，光伏组件以串联方式连接，组成光伏串。光伏串的一般输出是 300V 直流电，与逆变器的电压输入特性相匹配，如果太高则容易超过逆变器的最高容许电压而烧坏逆变器，如果太低则降低系统效率。光伏串的输出通过逆变器将直流电逆变成交流电。整个光伏系统最终输出频率 50Hz、电压 380V 的三相交流电。

该光伏系统自 2003 年 1 月开始投入运行，香港机电工程署从 2003 年 4 月至 2004 年 3 月对系统展开了为期 12 个月的监测。香港机电工程署还安装了一套监测系统来收集系统性能数据，包括环境温度、光伏板温度、太阳辐射量、光伏阵列的直流电功率输出和逆变器的交流电功率输出。光伏系统性能的监测是根据国际标准 IEC 61724 进行的，所有三组光伏子系统的表现皆极为可靠。在监测期内，并没有发生任何组件故障或与电网连接的问题。监测期的 12 个月内，光伏系统共生产了超过 21900kWh 的电能，这些电能都由湾仔政府大楼直接消耗，监测系统的界面如图 3-26 所示。此光伏系统还安装了信息显示面板（见图 3-27），用以显示系统的太阳辐射值，即时产电量，累计产电量和 CO_2 减排量。

光伏系统的电力输出是和太阳光照度成正比的。图 3-28 给出了投射到支架式、遮篷式以及天窗式子系统光伏板表面的每月总太阳辐射的测量结果。

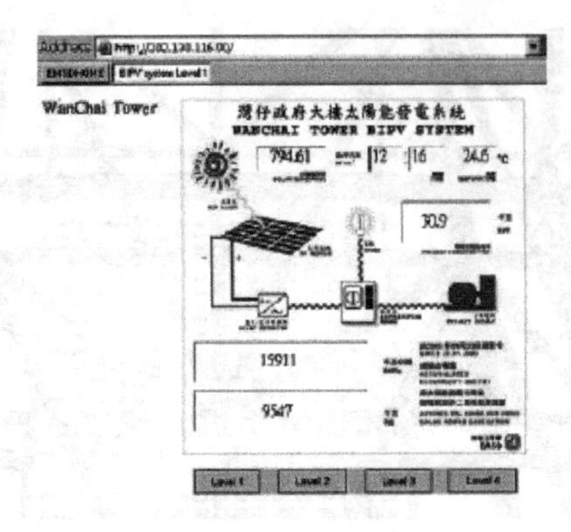

图 3－26　光伏系统监测系统界面

图 3－27　光伏系统信息显示面板

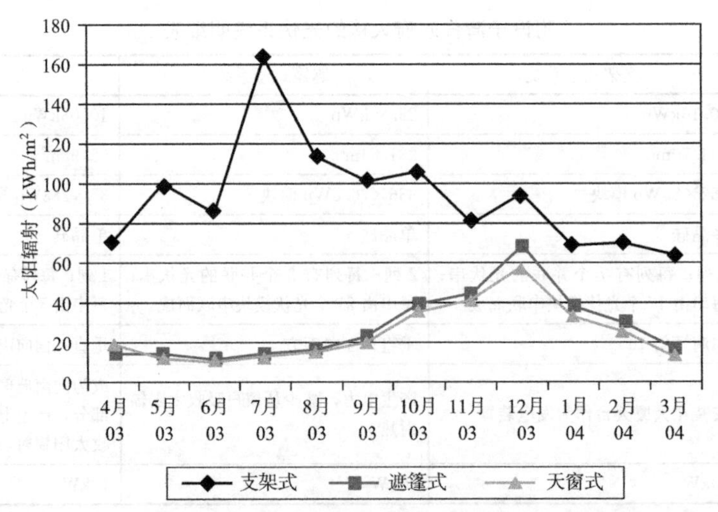

图 3－28　2003 年 4 月至 2004 年 3 月每月总太阳辐射值

（图片来源：http：//re. emsd. gov. hk/sc _ chi/gen/overview/files/stage _ 2 _ es _ chi. pdf）

检测结果表明，支架式光伏阵列接收的每月总太阳辐射值位于 65～165kWh/m^2 之间，全年总数为 1127kWh/m^2。遮阳篷式和天窗式的光伏阵列接收的全年总太阳辐射值则较低（分别为 303kWh/m^2 和 338kWh/m^2）。另外，数据显示出倾斜的表面在夏季能收集到更多的太阳资源，而面向南方的大厦表面则有相反的倾向。

若比较两种不同表面的全年总太阳辐射值，朝南的表面比轻微倾斜的表面小很多。这说明安装在大厦天台的光伏阵列比安装在大厦向南表面的光伏阵列能利用更多的太阳能资源。参考数据指出，香港天文台在京士柏录得的 30 年平均全年太阳辐射值是 1472kWh/m^2。估计湾仔政府大楼的全年太阳辐射量会在这长期参考数值水平上下波动。

2003 年 4 月至 2004 年 3 月期间，记录的光伏系统电网总净能量输出为 21935kWh，其中 15759kWh 产自支架式光伏子系统，4540kWh 产自遮阳篷式光伏子系统，1636kWh 产自天窗式光伏子系统。估算此产电量可抵消 14000kg 由燃烧矿物燃料发电所排放的二氧化碳。

为了比较不同大小的能源系统的能量输出，光伏阵列的总电力输出与额定功率被标准化为最终产量。从图 3－29 可以看出，上述三种光伏系统电力输出的变化与图 3－28 给出的太阳辐射的季节性变化是非常一致的。这表示各个系统在 12 个月的监测期内，在产电及输出过程中都没有明显的损失。

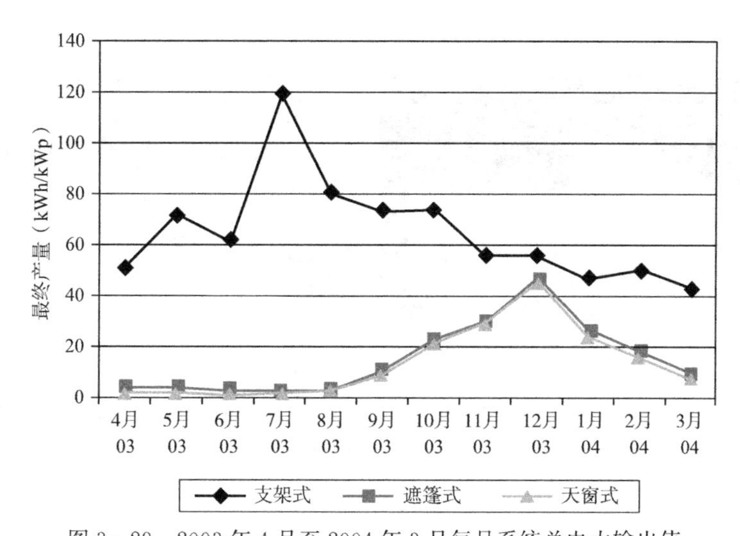

图 3-29　2003 年 4 月至 2004 年 3 月每月系统总电力输出值

（图片来源：http：//re. emsd. gov. hk/sc _ chi/gen/overview/files/stage _ 2 _ es _ chi. pdf）

系统性能的分析显示，支架式、遮篷式和天窗式子系统的全年最终产量分别为 792kWh/kW、176kWh/kW 和 162kWh/kW。相比直立的光伏阵列，微倾天台装置的能量输出约高出四倍。所以直立式光伏系统（遮阳篷式和天窗式）受遮蔽损失的影响很大，在香港这样人口密集、高楼林立的环境里，直立表面所能摄取的太阳能量远低于平放和微倾的表面。

该系统的发电成本取决于几项不同的因素，其中最重要的是资产成本和长远产电量。研究结果显示，支架式光伏系统的产电成本大约是 3.4 元/kWh。假设设备的寿命为 25 年，贴现率为 4%，电力收费是 1.1 元/kWh，系统的长远平均产电量按照每年 24098kWh 计算，则每年可节省费用 26500 元。除了节省能源成本外，其他效益还包括减少大厦空调系统的峰值负荷并且降低建筑的总冷负荷。

维修记录显示，该光伏系统自始运行起，并没有出现任何组件故障、与电网连接的问题或意料之外的损耗。因为系统可靠度很高，所以投入在维修方面的费用很低。运行经验显示，系统的清洁方式和普通窗户的清洁方式类似，无需增加额外的清洁设备。所以，光伏组件的清洁工作可交由大楼的物业管理部进行，作为日常清洁大楼表面程序的一部分。

该项目成功地示范了如何将光伏系统融入一座位于市区的办公大楼，也证明了光伏系统能够在设计上与建筑物本身保持协调一致，同时为发展香港的光伏建筑一体化系统提供了宝贵的经验。

3.6　香港马湾小学光伏建筑工程

中华基督教会基慧小学（位于马湾）于 2003 年建校，是全香港首个利用太阳能发电的小学。校舍的天台安装了三种太阳能光伏板，分别为多晶硅、非晶硅以及铜铟硒光伏板，所产生的电能估计可达学校每年用电量的9%。在马湾小学安装建筑构件式太阳能光伏板是中华电力与香港大学合作的研究项目，三种太阳能光伏板系统分别安装在学校的不同位置，如图3-30所示。

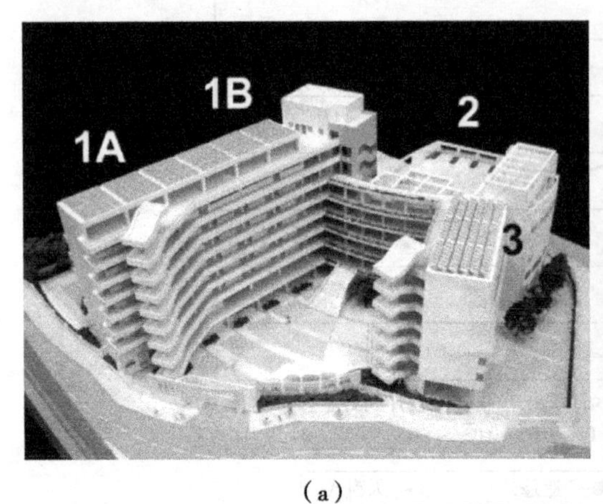

(a)　　(b)

图3-30　基慧小学（马湾）光伏建筑一体化系统

(a) 光伏建筑模型；(b) 光伏建筑实景照片

整个光伏系统主要包含3个子系统，系统总功率为40kWp。表3-9汇总了每个子系统的具体数据。

基慧小学（马湾）光伏建筑一体化系统明细表　　表3-9

系统	露台遮阳——铜铟硒光伏子系统		采光顶——多晶硅光伏子系统	天篷——非晶硅光伏子系统
系统编号	1A	1B	2	3
光伏串数目（个）	24	72	2	21
每串光伏板数目（个）	15	5	24/28	3
每串开路电压（VDC）	249	83	294/319	204
光伏板总数量（块）	360	360	52	63
子系统额定功率（kW）	28.8		4.0	7.2

3.6.1　系统1——露台遮阳光伏子系统

根据支撑结构的布置，整个子系统从左（西）向右（东）划分为6个光伏阵列，头三个光伏阵列为1A系统，而后三个光伏阵列为1B系统，如图3-31所示。

对于1A系统来说，每个阵列由24个光伏串（每串有15块光伏板）并联而成，为了提高系统的直流电压输出，三个光伏阵列串联在一起。系统的直流电压输出为83V×3=249V，系统的额定功率为40Wp×120×3=14.4kWp。1A系统从2004年9月开始一直处于运行状态，在大多数的时间里，每月可以产生1000多度电。在正常工作状态下，系统的效率可以达到8%以上。

对于1B系统来说，每个光伏阵列又可以分为两个更小的子系统，每个子系统由12个光伏串并联而成，每个光伏串由5块光伏板串联组成。所以每个小系统的直流电压输出为83V，而额定功率为 40Wp×60＝2.4kWp。跟 1A 系统一样，1B 系统也是从 2004 年 9 月开始运行的，在大多数时间里，系统效率可以达到 8.5%以上。

通过 11 个月的数据测量分析发现，1B 系统的发电效率略高于 1A 系统。这主要是因为较长的光伏串设计通常会导致较大的系统光伏串匹配误差，1A 系统中每个光伏串有 15 块光伏板，而 1B 系统中每个光伏串只有 5 块光伏板。所以在今后的设计中，注意尽量考虑选用较短的光伏串设计，以提高系统运行效率。

图 3－31　露台遮阳光伏子系统俯视图

3.6.2　系统 2——采光顶光伏子系统

采光顶光伏子系统共采用了 52 块多晶硅光伏板，可以分为两个额定功率为 2kWp 的子系统——2A 和 2B，系统的俯视图以及室内采光效果如图 3－32 所示。经过精心设计，系统共连接有两个并联的 2kWp 逆变器，系统中每块光伏板的额定功率如表 3－10 所示。

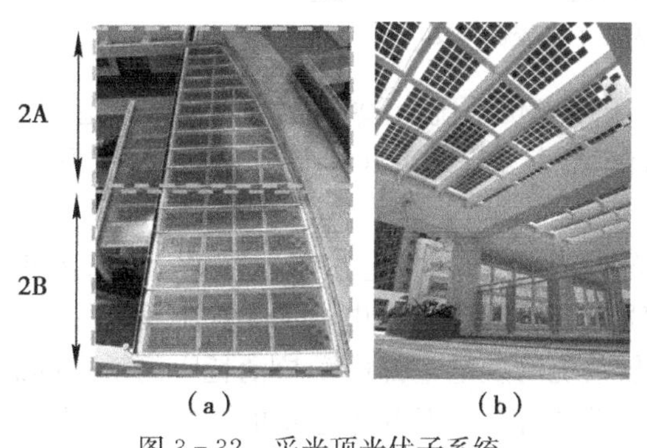

(a)　(b)

图 3－32　采光顶光伏子系统

(a) 俯视图；(b) 室内采光图

采光顶光伏子系统光伏板分布及其额定功率（Wp）分配表　　表 3－10

列 \ 行	2A 系统								2B 系统							
	1	2	3	4	5	6	7	8	9	10	11	12	13	14	15	16
1									23	35	47	59	71	83	83	95
2					23	47	71	83	71	71	71	71	71	71	71	71
3	0	35	59	83	71	71	71	71	71	71	71	71	71	71	71	71
4	107	107	107	107	107	107	107	107	107	107	107	107	107	107	107	107

自 2004 年 5 月起，采光顶光伏子系统就一直平稳地运行着。由于冬季光照度的减弱、太阳高度角的变低和周围居民建筑的遮挡，冬季的发电量明显低于夏季。

尽管 2A、2B 子系统所用的光伏板是相同类型的，但周围居民建筑在一年四季中对系统的遮挡情况很复杂，导致 2A 子系统的发电量明显低于 2B 子系统，特别是在冬季。所以在以后的设计中，特别是在建筑群林立的大都市，光伏系统的设计应详细考虑及模拟周围建筑在一年四季中可能对光伏系统造成的遮挡。

3.6.3 系统 3——天篷光伏子系统

图 3－33 天篷光伏子系统俯视图

根据支撑结构的布置，整个天篷光伏子系统共分为 3 个并联的光伏阵列，如图 3－33 所示。每个光伏阵列由 7 个光伏串（每串有 3 块光伏板）并联而成，共计有 21 块光伏板。每个光伏阵列的直流电压输出为 68V×3＝204V，额定功率为 114.2Wp×21＝2.4kWp，系统总功率为 7.2kWp。

天篷光伏子系统自 2004 年 5 月运行以来，除去受遮挡严重影响的 11～1 月外，整个系统的发电效率基本维持在 6%左右。

3.6.4 系统性能分析

数据采集系统安装完毕（采光顶光伏系统，2004 年 4 月；天篷光伏系统，2004 年 5 月；露台遮阳光伏系统，2004 年 8 月）以后，从 2004 年 9 月直至整个工程结束（2005 年 8 月），共采集了 11 个月的系统运行数据（见表 3－11）。

这 11 个月期间，整个光伏系统共发电 30215.95kWh（直流侧），由于数据采集系统没有安装交流侧功率传感器，就假设交流发电量等于直流发电量（尽管通常的逆变器转换效率只有 90%左右）。光伏系统的发电量都由学校消耗，而学校的总用电量为 346751kWh。由此可知，整个光伏系统发电量占学校用电总量的 8.71%。图 3－34 清晰地展示了整个光伏系统发电量占整个学校用电量比例的月变化曲线。

3.6.5 光伏发电的估计和分析

光伏系统的发电量达到了学校总用电量的 8.71%，实测结果与预计的 9%基本一致。但是，这个结果是在直流侧的基础上，真正注入电网的电量应是交流侧的电量，如果转换效率为 90%，应该有大约 3000kWh（30215.95kWh 的 10%）的电量没有输入电网，所以实际数值应小于 8.71%。然而，系统 1 在 2004 年 12 月至 2005 年 2 月的 3 个月内没有工作，从邻近几个月的数值估计，在这期间系统 1 的发电量大约为 3000kWh。综合以上分析，该系统发电量仍然可以达到学校用电总需求的 8.71%，详细的月发电量数据如表 3－11 所示。

马湾小学每月光伏发电数据 表 3-11

1	香港天文台	名义太阳辐射（1961～1990）	kWh/m^2	138.81	137.92	164.9	151.64	137.42	133.13	111.58	103.59	100.15	83.14	96.79	109.5	138.81	137.92	164.9	1316.93
2	香港天文台	名义太阳辐射（1997～2001）	kWh/m^2	121.81	117.35	131.34	126.65	120.64	117.44	104.04	85.2	82.41	87.85	99.8	102.27	121.81	117.35	131.34	1170.15
3	香港天文台	名义太阳辐射（2004～2005）	kWh/m^2	133.47	144.33	126.67	117.89	125.75	140.88	101.08	106.09	82.93	46.82	84.91	95	94.38	90.08	159.22	1127.13
4	采光顶	太阳辐射	kWh/m^2	133.84	121.94	106.47	104.45	108.85	123.35	77.12	61.31	54	38.3	66.98	72.77	88.1	70.95	142.24	903.96
5	2A	直流输出	kWh	189.55	171.61	148.43	151.14	160.7	175.64	86.89	63.78	50.26	40.27	96.8	109.42	133.32	105.21	206.04	1228.33
6	2B			247.4	241.23	210	195.59	192.44	194.42	106.9	86.57	80.71	70.2	137.5	154.42	187.85	159.24	269.81	1640.06
7	2A	每月效率	%	9.70	9.64	9.55	9.99	10.11	9.75	7.77	7.13	6.38	7.20	9.90	10.30	10.37	10.16	9.92	
8	2B			11.60	12.42	12.38	11.76	11.10	9.89	8.70	8.86	9.38	11.51	12.89	13.32	14.61	15.37	12.99	
9	天篷	太阳辐射	kWh/m^2	135.6	132.31	115.31	112.17	113.73	108.63	75.26	69.03	59.36	40.39	70.2	78.03	95.08	79.99	147.94	937.65
10	3A	直流输出	kWh	136.61	25.63	227.45	251.08	266.49	123.7	154.37	119.13	121.29	99.1	173.16	215.22	249.96	209.9	374.07	2106.39
11	3B			137.98	30.1	263.6	246.55	264.46	174.23	100.59	110.47	115	96.25	170.63	215.26	255.91	215.75	378.6	2097.14
12	3C			134.61	27.37	250.4	214.73	224.6	199.17	78.75	85.81	92.57	80.26	143	178.19	212.21	179.38	312.26	1786.21
13	3A	每月效率	%	2.59	4.98	5.07	5.75	6.02	2.92	5.27	4.44	5.25	6.30	6.34	6.40	6.75	6.74	6.49	
14	3B			2.26	5.84	5.87	5.65	5.97	4.12	3.43	4.11	4.98	6.12	6.24	6.40	6.91	6.93	6.57	
15	3C			2.55	5.31	5.58	4.92	5.07	4.71	2.69	3.19	4.01	5.10	5.23	5.30	5.73	5.76	5.42	
16	露台	太阳辐射	kWh/m^2					122.58	146.68	110.45	110.75	84.31	50.57	82.46	83.99	99.14	79.48	149.2	1119.61
17	1A	直流输出	kWh					1349.28	1306.06	709.69	373.76	184.92	195.58	712.32	1003.71	1148.53	877.24	1623.2	9484.28
18	1A	每月效率	%					8.34	6.74	4.87	2.56	1.66	2.93	6.54	9.05	8.78	8.36	8.24	

续表

19	露台	太阳辐射	kWh/m²					126.09	151.1	109.42	110.38	82.24	48.74	80.49	86.58	91.01	68.1	133.3	1087.46
20	1B1	直流输出	kWh					199.61	221.49	155.26	144.65	123.95	81.85	156.69	183.63	193.3	148.45	229.45	1838.33
21	1B2							231.54	239.75	167.39	153.64	131.17	87.07	167.96	189	197.33	153.78	271.67	1990.28
22	1B3							237.32	267.65	172.7	155.37	131.24	86.06	157.34	177.93	187.75	144.69	256.24	1974.28
23	1B4							242.14	273.49	177.71	163.67	139.11	91.32	163.69	182.25	188.76	145.91	254.92	2022.96
24	1B5							242.9	262.63	178.56	160.98	138.97	92.4	167.13	184.1	189.9	147.2	257.52	2022.26
25	1B6							247.82	260.19	179.19	163.84	139.39	91.96	165.89	184.23	189.65	145.99	257.26	2025.43
26	1B1	每月效率	%					7.20	6.66	6.45	5.96	6.85	7.63	8.85	9.64	9.65	9.43	7.82	
27	1B2							8.35	7.21	6.95	6.33	7.25	8.12	9.49	9.92	9.86	9.77	9.26	
28	1B3							8.55	8.05	7.17	6.40	7.25	8.03	8.89	9.34	9.38	9.20	8.74	
29	1B4							8.73	8.23	7.38	6.74	7.69	8.52	9.24	9.57	9.43	9.27	8.69	
30	1B5							8.76	7.90	7.42	6.66	7.68	8.62	9.44	9.67	9.48	9.35	8.78	
31	1B6							8.93	7.83	7.44	6.75	7.70	8.58	9.37	9.67	9.47	9.28	8.77	
32	1A 总	直流输出	kWh					1349.28	1306.06	709.69	373.76	184.92	195.58	712.32	1003.71	1148.53	877.24	1623.2	9484.28
33	1B 总							1401.32	1525.19	1030.81	942.14	803.83	530.66	978.7	1101.14	1146.68	886.02	1527.06	11873.55
34	2 总	直流输出	kWh	436.95	412.84	358.43	346.73	353.14	370.06	193.79	150.35	130.97	110.47	234.3	263.84	321.17	264.45	475.85	2868.39
35	3 总	直流输出	kWh	409.2	83.1	741.45	712.35	755.55	497.09	333.72	315.42	328.86	275.61	486.8	608.66	718.08	605.03	1064.93	2989.73
36	总量	直流输出	kWh	846.14	495.94	1099.88	1059.08	3859.29	3698.4	2268	1781.67	1448.58	1112.31	2412.12	2977.36	3334.46	2632.73	4691.04	30215.95
37	小学	电力消耗	kWh	37230	49500	28190	34580	38290	33510	23640	19770	18000	17120	16250	32205	44027	48680	25043	316535
38		光伏发电比例	%	2.22	0.99	3.76	2.97	9.16	9.94	8.75	8.27	7.45	6.10	12.93	8.46	7.04	5.13	15.78	8.71

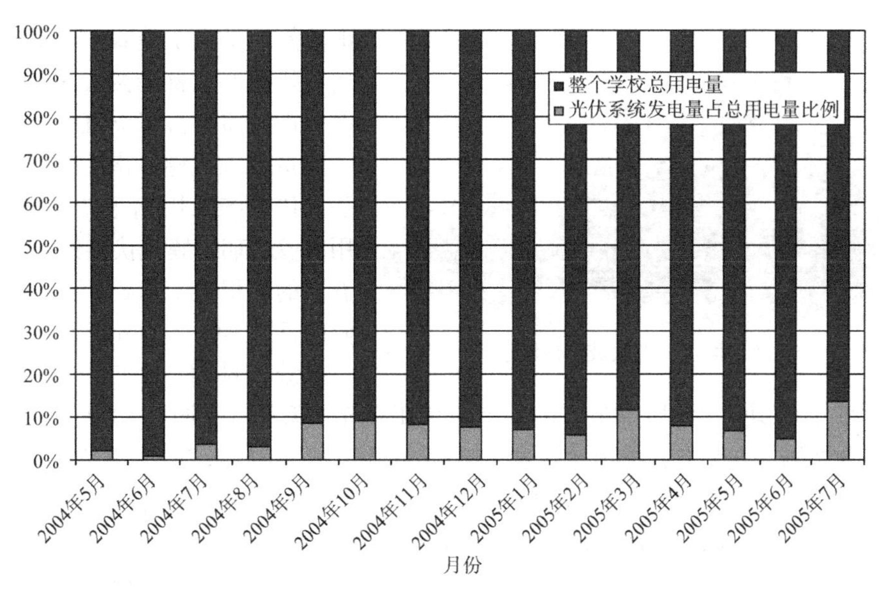

图 3-34　光伏系统发电量占整个学校用电量比例的月变化曲线

利用这些光伏发电系统和设施，学校有机会向学生讲解可再生能源的知识，尤其是太阳能的应用。另外，校内还设有可再生能源展示廊，介绍各种能量来源。该校亦制作了可再生能源专题网站“能源再生岛”，提供大量有关可再生能源资料以及能源管理的知识，对向小学生推广和普及可再生能源起到了重要作用。

3.7　武汉日新科技光伏工业园综合楼光伏工程实例

武汉日新科技光伏工业园位于武汉东湖开发区，是建设部和财政部予以资助的太阳能光伏建筑一体化（BIPV）并网发电综合示范园区和产业化基地，总装机容量为 1.2MWp。园中的综合楼位于日新科技光伏工业园北部（见图 3-35），占地面积 2200m^2，建筑总面积为 7873.42m^2，建筑总高度为 23.7m，其中幕墙总高度为 20.8m。此综合楼包含员工宿舍和餐厅，设计铺设并网光伏系统的位置包括南立面弧面幕墙、南立面连廊扶手、南立面外墙、东立面阳台、西立面外墙及屋顶平面，总装机容量为 158.88kWp。

图 3-35　武汉日新科技光伏工业园

3.7.1　光伏系统的安装形式

综合楼南立面弧面光伏玻璃幕墙系统（见图 3-36）采用隐框玻璃幕墙的形式，使用中空玻璃光伏组件，总面积为 389.98m^2。该系统既具有普通玻璃幕墙的效果，又具有发

图 3-36　南立面弧面光伏玻璃幕墙系统

电功能，是光伏建筑一体化的典型表现。弧面玻璃幕墙两端采用铝塑板外墙装饰，即丰富了立面效果，又增强了建筑的现代感。南立面走道连廊扶手光伏系统采用钢龙骨玻璃栏杆，使用夹胶玻璃薄膜光伏组件，其中四层、五层的面积为 151.84m²；六层阳台外侧的面积为 52.64m²。南立面外墙光伏系统（见图 3-37）安装夹胶玻璃薄膜光伏组件 60 块，面积为 89.38m²；东立面阳台光伏系统（见图 3-38）位于东立面三至六层阳台外侧，安装夹胶玻璃薄膜光伏组件 60 块，面积为 87.2m²；西立面外墙光伏系统（见图 3-39）安装夹胶玻璃薄膜光伏组件 60 块，面积为 88.72m²。因为朝向不同的光伏组件发电效率也不同，所以在南面、东面和西面安装相同数量的薄膜光伏组件，这样就方便进行不同朝向数据的比较和分析。屋顶光伏系统（见图 3-40）使用单晶硅光伏组件，采用钢结构龙骨且角度可调整的安装形式，面积为 780m²。

图 3-37　南立面外墙光伏系统

图 3-38　东立面阳台光伏系统

图 3-39　西立面外墙光伏系统

图 3-40　屋顶光伏系统

3.7.2 光伏系统的设备选型

表3-12为综合楼光伏系统中光伏组件和逆变器的配置情况，表3-13和表3-14分别为光伏系统所选光伏板和逆变器的特性参数。

综合楼光伏系统的设备配置　　表3-12

项目	光伏板					逆变器	
	位置	类型	功率（Wp）	数量（块）	容量（Wp）	型号	数量（台）
1	南立面弧面幕墙	薄膜组件（二号）	90	232	20880	SG3K	1
						IPG4000	1
						PVI-3.6-OUTD	3
2	南立面连廊扶手	薄膜组件（一号）	100	120	12000	IPG3000	4
3	南立面外墙	薄膜组件（一号）	100	60	6000	SG5K-C	1
4	东立面阳台	薄膜组件（一号）	100	60	6000	SG5K-C	1
5	西立面外墙	薄膜组件（一号）	100	60	6000	SG5K-C	1
6	屋顶	单晶硅组件	180	600	108000	TLX12.5k	6
						TLX15k	2

光伏组件的特性参数　　表3-13

生产厂家	武汉日新科技有限公司		
类型	非晶硅薄膜组件		单晶硅组件
	一号	二号	
额定功率	100Wp	90Wp	180Wp
最大功率点电压	102.1V	100.8V	35.8V
最大功率点电流	0.98A	0.89A	5.03A
开路电压	136.8V	135.1V	43.2V
短路电流	1.22A	1.1A	5.46A
尺寸	1308mm×1108mm×38mm		1579mm×807mm×35mm

逆变器的特性参数　　表3-14

生产厂家	Alternative（英国）		Conergy AG（德国）	
型号	SG3K	SG5K-C	IPG3000	IPG4000
最大输入直流功率	3300W	5500W	—	—
额定输出交流功率	3000W	5000W	2600W	3400W
最大输入直流电压	450V DC	780V DC	800V DC	800V DC
最大输入直流电流	18A DC	25A DC	10.2A DC	15.2A DC
输出交流电压范围	180V-260V AC	180V-260V AC	196V-253V AC	196V-253V AC
输出交流功率频率	50/60Hz	50/60Hz	47.5～50.2Hz	47.5～50.2Hz
最大转换效率	94%	94%	96.0%	96.5%

续表

生产厂家	Power-One（美国）	Danfoss（丹麦）	
型号	PVI-3.6-OUTD	TLX12.5k	TLX15k
最大输入直流功率	4150W	12900W	15500W
额定输出交流功率	3960W	12500W	15000W
最大输入直流电压	600V DC	1000V DC	1000V DC
最大输入直流电流	16A DC	36A DC	36A DC
输出交流电压范围	180V-264V AC	690V±138V AC	690V±138V AC
输出交流功率频率	50Hz	50±5Hz	50±5Hz
最大转换效率	96.8%	98%	98%

3.7.3 综合楼光伏系统设计

综合楼光伏系统含有光伏组件1132块，设计总装机容量为158.88kWp，包括：单晶硅光伏组件600块，装机容量为108kWp；非晶硅薄膜组件532块，其中一号组件（100Wp）300块，装机容量为30kWp，二号组件（90Wp）232块，装机容量为20.88kWp。系统全部采用并网发电技术，因选用的逆变器厂家不完全公开数据，此系统附加日新公司的数据采集及传输系统对并网发电过程进行实时监控。

3.7.3.1 系统安全设计

（1）系统避雷措施：此综合楼高23.70m，为武汉日新科技光伏工业园的最高建筑，所以光伏系统必须加强避雷保护。光伏系统的避雷措施是在主干线上并入T型接口处连接直流侧避雷器（自动恢复式）。此外，直流汇线箱、并网逆变器和交流配电柜处都接有避雷器。

（2）系统稳定性：光伏系统发电的最大电流和电压完全符合并网逆变器的接入范围，并且使转换效率基本上保持在并网逆变器的最佳转换效率附近。各个主要配件都通过相关部门的检测，并有合格证书确保其质量稳定性。

3.7.3.2 系统并网设计

（1）屋顶光伏系统：铺设单晶硅光伏组件600块，屋顶结构上面安装可调节角度的钢结构架，单晶硅光伏组件通过连接件安装在钢结构上。根据屋顶光伏系统平面布置示意图（见图3-43）和系统示意图（见图3-44）可知，阵列组串结构分别为：1）18串5并1组，系统工作电压644.4V，组成1个16.2kWp的光伏阵列，选用1台TLX15k三相并网逆变器；2）24串3并5组，系统工作电压859.2V，组成5个12.96kWp的光伏阵列，选用5台TLX12.5k三相并网逆变器；3）22串3并1组，系统工作电压787.6V，组成1个11.88kWp的光伏阵列，选用1台TLX12.5k三相并网逆变器；4）21串4并1组，系统工作电压751.8V，组成1个15.12kWp的光伏阵列，选用1台TLX15k三相并网逆变器。

（2）南立面弧面光伏玻璃幕墙系统：铺设非晶硅薄膜组件232块，使用金属扣件与南立面连接固定，与立面平行安装。阵列组串结构分别为：1）3串12并1组，系统工作电压300V，组成1个3.24kWp的光伏阵列，选用1台SG3k单相并网逆变器；2）4串12并3组，系统工作电压400V，组成3个4.32kWp的光伏阵列，选用3台PM-3.6-OUTD单相并网逆变器；3）4串13并1组，系统工作电压400V，组成1个4.68kWp的光伏阵列，选用 1 台 IPG4000 单相并网逆变器。

（3）南立面外墙光伏系统：铺设非晶硅薄膜组件 60 块，使用金属扣件与南立面连接固定，与立面平行安装。阵列组串结构为 3 串 20 并 1 组，系统工作电压 300V，组成 1 个 6kWp 的光伏阵列，选用 1 台 SG5K-C 单相并网逆变器。

（4）东立面阳台光伏系统：铺设非晶硅薄膜组件 60 块，使用金属扣件与东立面连接固定，与立面平行安装。阵列组串结构为 3 串 20 并 1 组，系统工作电压为 300V，组成 1 个 6kWp 的光伏阵列，选用 1 台 SG5K-C 单相并网逆变器。

（5）西立面外墙光伏系统：铺设非晶硅薄膜组件 60 块，使用金属扣件与西立面连接固定，与立面平行安装。阵列组串结构 3 串 20 并 1 组，系统工作电压 300V，组成 1 个 6kWp 的光伏阵列，选用 1 台 SG5K-C 单相并网逆变器。

（6）南立面连廊扶手光伏系统：铺设非晶硅薄膜组件 120 块，使用金属扣件与钢梁连接固定，与立面平行安装。阵列组串结构为 5 串 6 并 4 组，系统工作电压 500V，组成 4 个 3kWp 的光伏阵列，选用 4 台 IPG3000 单相并网逆变器。

3.7.4 园中其他光伏建筑系统

武汉日新科技光伏工业园中的建筑上装有各种光伏建筑一体化构件，有各种朝向和倾角，有不同的安装形式，如图 3－41 所示。经过香港理工大学可再生能源研究实验室实测，园中的光伏建筑不仅很好地示范了先进的光伏建筑系统，也可以产生不错的经济效益，年发电量达 50 万度电（见图 3－42），每年可以减少二氧化碳排放量达 350 吨，社会和经济效益可观。

图 3－41　园中各种光伏建筑构件

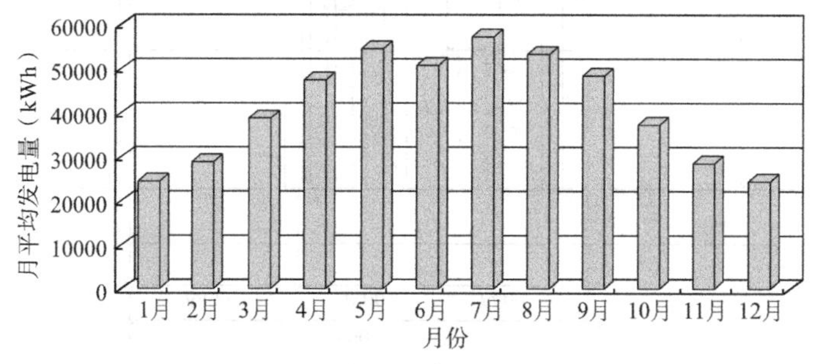

图 3－42　园中光伏建筑月平均发电量

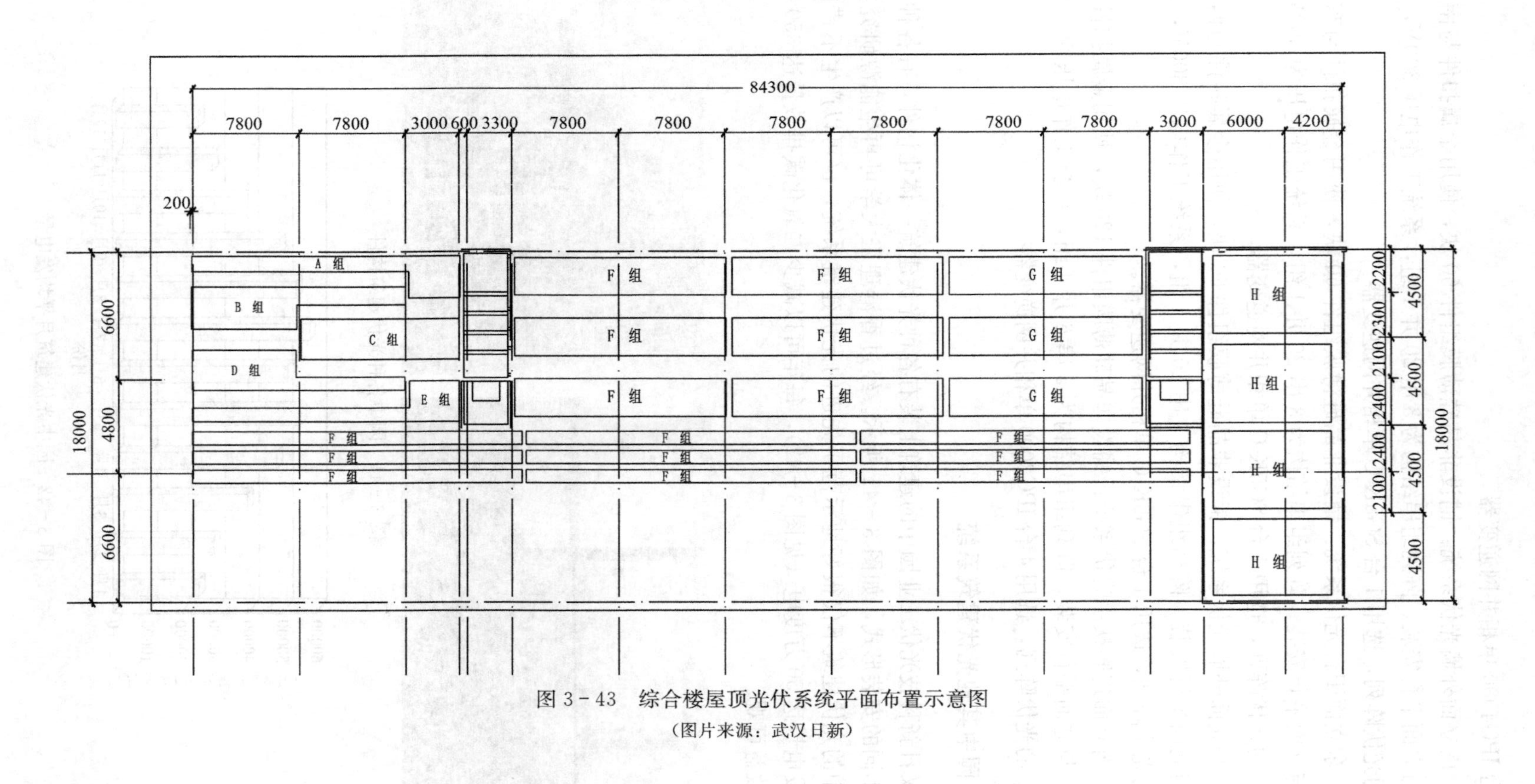

图3-43 综合楼屋顶光伏系统平面布置示意图

（图片来源：武汉日新）

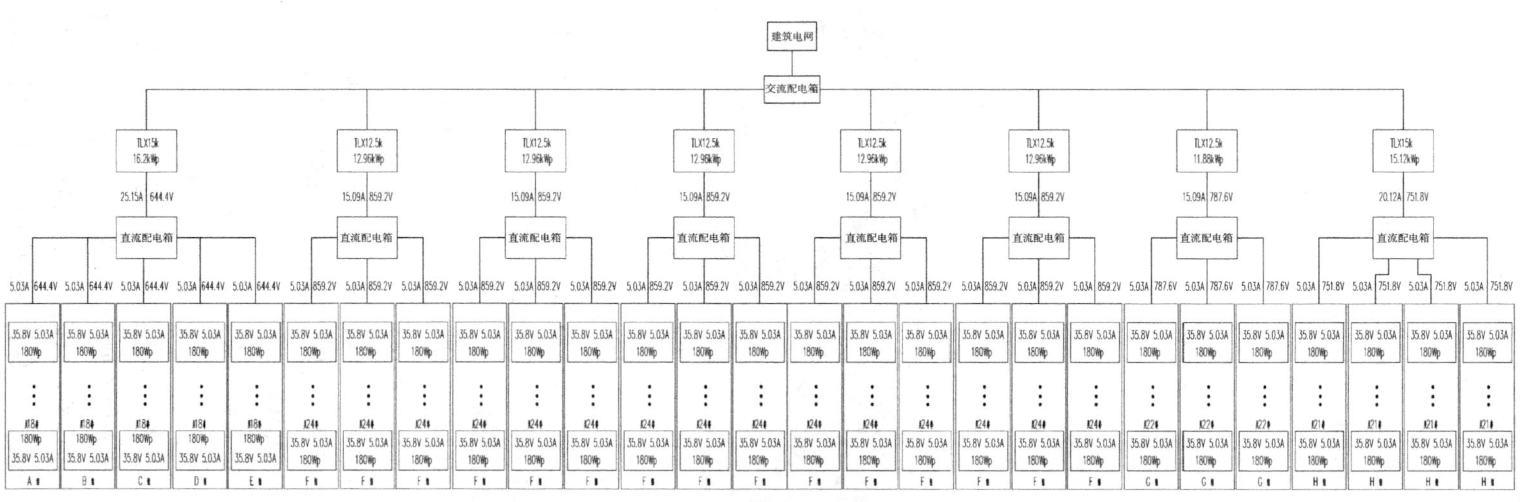

图3－44　综合楼屋顶光伏系统示意图

3.8 香港机电工程署总部大楼上的光伏屋顶

香港机电工程署总部大楼上的太阳能光伏系统（见图 3-45）是香港最大的太阳能光伏系统，总功率为 350kWp。该系统已和香港中华电力公司的市网联网，每年可利用太阳能产电约 300000～400000kWh，相当于新总部大楼 3%～4%的用电量。而且光伏板发电亦可减少发电厂产生的二氧化碳，由此每年可减少约 210～280 吨二氧化碳的排放。

图 3-45 香港机电工程署总部大楼上的太阳能光伏系统

整个光伏系统由 2357 块光伏组件所组成的光伏阵列（总面积约 3180m^2）组成，光伏阵列中的光伏组件是由 72 个单晶硅光伏电池串联而成的长方形平板。光伏板的峰值功率为 150Wp，此光伏组件的效率高达 15%。这些光伏板以 22°倾角朝向正南斜放在支架上，以便能够收集以全年计较多的太阳辐射。

除此之外，采用半透明光伏玻璃幕墙和天穹设计是该总部大楼的另一个特色。半透明光伏幕墙在夏季能起到遮挡太阳辐射的作用，同时又能够让部分光线通过幕墙，达到自然采光的目的。大楼的光伏天穹则是由 20 块 1680mm×1902mm 的半透明光伏模块夹在中空玻璃内构成的，阳光透过光伏组件产生斑驳的光影，起到了良好的装饰效果，同时可以产生电力，每块组件峰值功率为 270Wp。

光伏阵列共有 171 个光伏组并联而成，其中 168 组都是以每组 14 个光伏组件串联的方式连接，分成 16 个子阵列经过阵列集线盒输入到逆变器，每个子阵列都装有隔离开关，提供隔离光伏阵列维修，及装有避雷器把浪涌电流接地。系统安装了 4 个 400kVA 电流控制逆变器，如图 3-46 所示，把光伏阵列所产生的直流电转换为交流电，逆变器附有最大功率点追踪功能，作出直流电压调整，以确保最大的输出功率。保护功能方面，无论电网是因任何原因停止供电时，“反孤岛”保护系统应按照与电力公司协议的断路时间来断开逆变器和配电系统的电路，或是电网的频率和电压在正常范围以外时都应能自动操作。

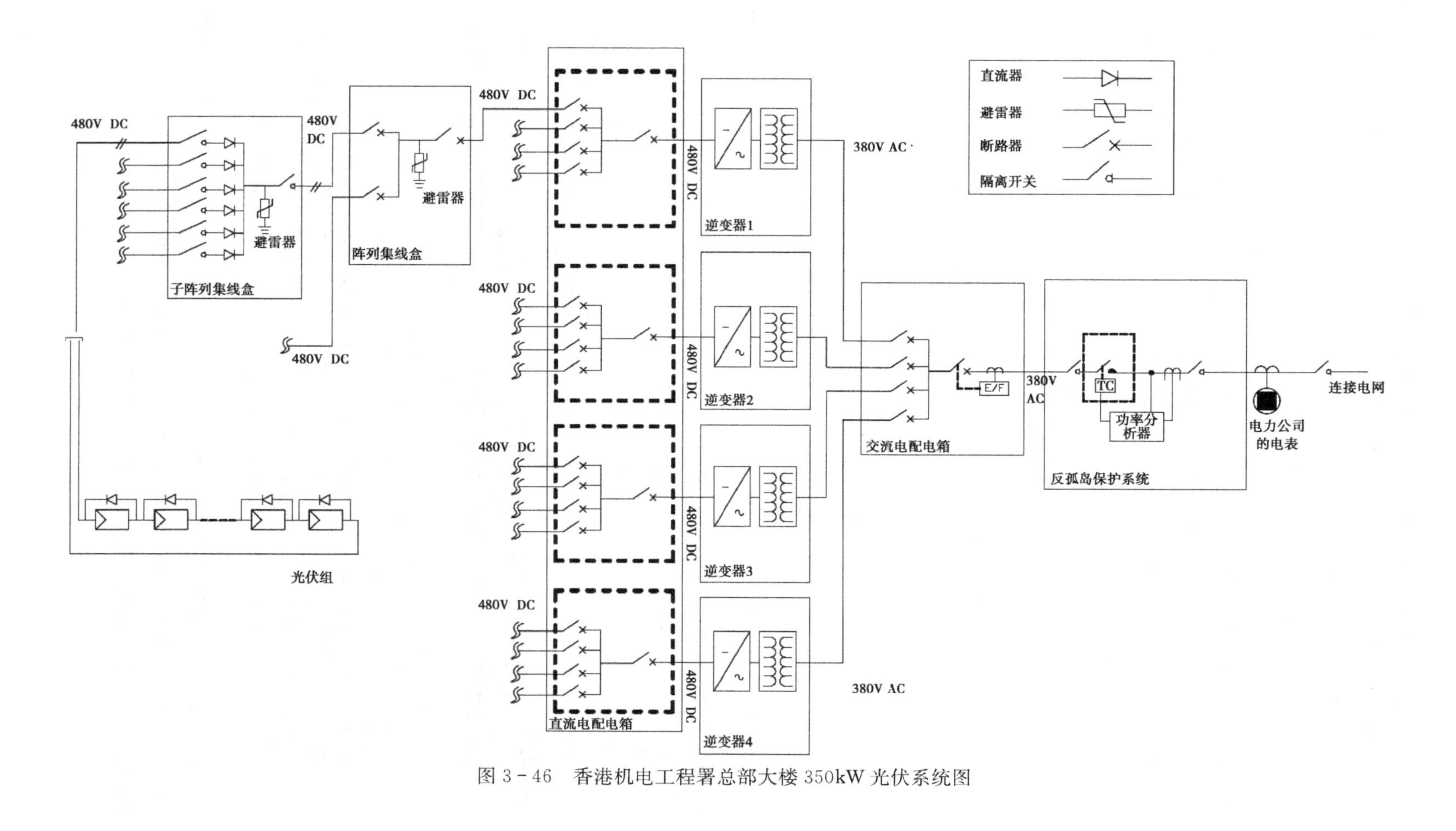

图 3-46 香港机电工程署总部大楼 350kW 光伏系统图

另一方面，逆变器具备同步功能，确保逆变器的输出和电网同步运作，否则会自动断开，而“自动重新连接”功能是在电网的频率和电压在恢复到正常范围持续设定的时期（与电力公司协议规定的时期），系统会重新连接。

电力公司的电表会记录光伏系统产生的电能，整个系统从2005年10月至2006年9月的全年发电量如图3-47所示，2006年10月至2008年8月间的年发电量分别为320MWh，279MWh和235MWh，如图3-48所示，发电量和当年的气象条件有关。此外，由于总能量输出是4个逆变器的总和，一个或多个逆变器的断开（该月输出为零）将大大减少每月电能的产量，逆变器的可靠性也影响系统的运行效果。自动断开可能是由于系统被闪电击中或直流电压超过550V，或者是要定期维修而手动断开。

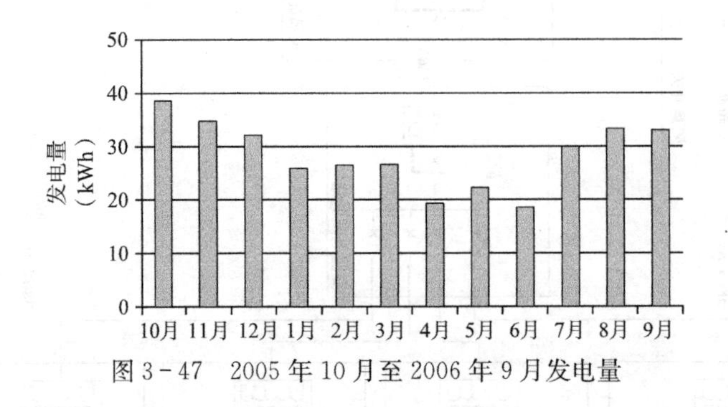

图3-47　2005年10月至2006年9月发电量

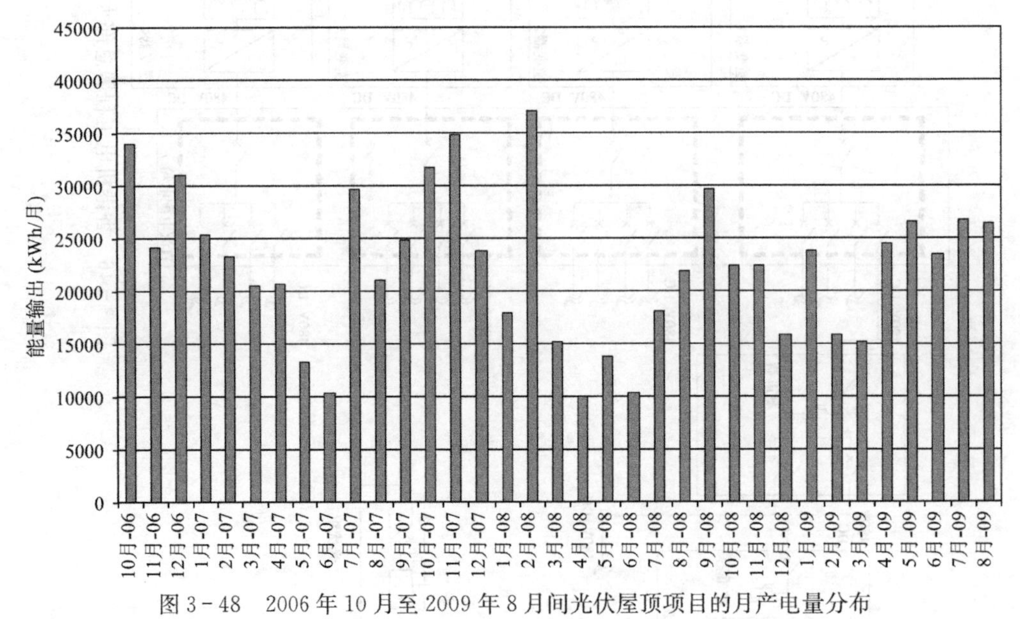

图3-48　2006年10月至2009年8月间光伏屋顶项目的月产电量分布

图3-49显示其中一个逆变器（CCI＃1）从2009年9月1日至9月7日的测量数据，由于系统由4个逆变器并联而成，总输出将约为下列实际测量值的4倍。所有的数据以每15分钟采集一次，在阴天的情况下（9月6日及7日），输出功率降低约26％。

3.9 香港科学园光伏玻璃幕墙工程

香港科学园作为带领香港科技发展的中心，为电子、生物技术、精密工程、资讯科技及电讯五项重点科技领域的发展，提供最顶尖的设备和协助。园内的建筑设计，也以环保和可持续发展的概念作为蓝本。建筑的外墙结合使用特制的玻璃、双层玻璃、鳍状设计和遮光罩等减少阳光直接照射，将得热量减至最低，减少因为室外高温而消耗的空调电力。外墙也安装有光伏板发电系统，充分利用太阳能。

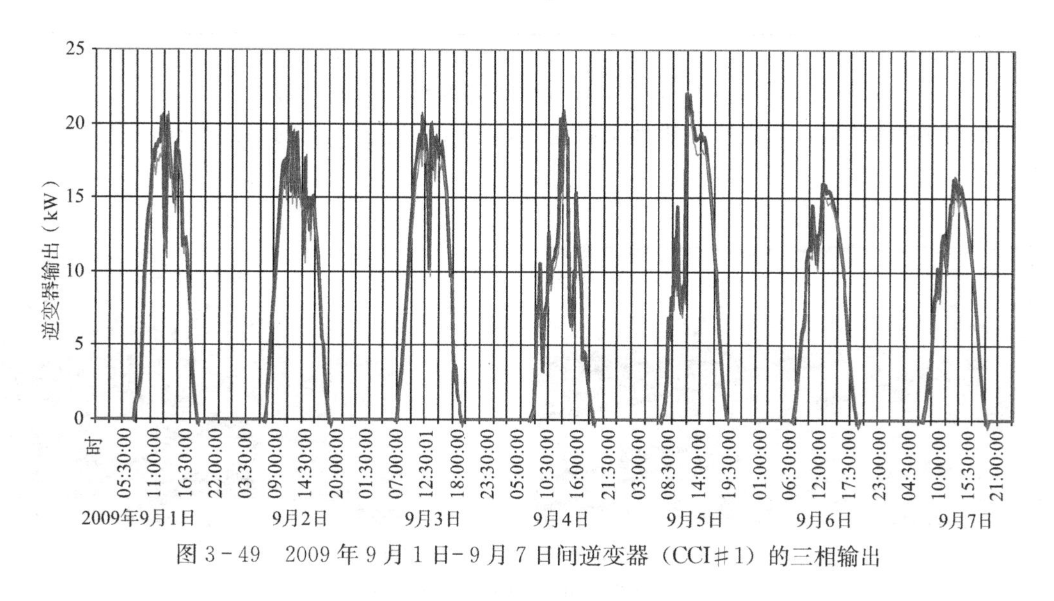

图 3-49　2009 年 9 月 1 日-9 月 7 日间逆变器（CCI＃1）的三相输出

在科学园一期建设中，多栋建筑采用了光伏发电技术，使科学园更加具有现代感，凸现了环保意识。科学园有 9 座建筑物装有已经与电网接驳的光伏建筑一体化系统（图 3-50），总装机容量为 198kW（见表 3-15）。

图 3-50　科学园铺设光伏建筑一体化系统的大楼概览图

科学园各个建筑物的光伏建筑一体化系统 **表 3-15**

建筑物编号	光伏发电额定功率（kWp）	光伏系统估算投资（1000HK$）
2	18	908
4a & 4b	70	10090
5	50	2623
6	15	1614
7 & 8	30	3128
9	15	1311
总计	198	19674

图 3-51 为科学园中采用光伏外遮阳的一栋建筑和光伏玻璃幕墙设计，把光伏板当作建筑墙面的贴面材料，和建筑有机地结合起来，不仅节省了传统的墙面材料，也为大厦生产电力。

图 3-51　香港科学园的光伏建筑墙面

（左图：遮阳型；右图：幕墙型）

香港科学园的光伏建筑一体化系统可以分为两种类型：屋顶顶棚光伏发电系统和遮阳型光伏发电系统，各个建筑物的详细系统介绍见表 3-16。

各建筑物光伏建筑一体化系统详情 **表 3-16**

建筑物编号	4a	4b	5
应用范围	建筑物的立面墙和屋顶		
位置	立面和屋顶		
朝向	东南 & 西北	东南 & 西北	西南 & 东北
光伏板类型	单晶硅太阳能电池		
总光伏板数	东南 & 西北屋顶 148+148	东南 & 西北屋顶 92+92	西南 & 东北屋顶 36+36
	东南 & 西北 80+80	东南立面墙 120	西立面墙 252
总光伏板面积	868m²	544m²	876m²
系统额定功率	45kW	25kW	50kW
逆变器	每个建筑物并网光伏系统配有一套逆变器		
用户	园内建筑物的公共用电		

续表

建筑物编号	6	7	8	9
应用范围	建筑物屋顶			
位置	屋顶			
朝向	与屋顶布局相合			
光伏板类型	单晶硅太阳能电池			
总光伏板数	208	160	160	180
总光伏板面积	177m^2	136m^2	136m^2	153m^2
系统额定功率	15kWp	15kWp	15kWp	15kWp
逆变器	每个建筑物并网光伏系统配有一套逆变器			
用户负荷	园内建筑物的公共用电			

下面以 2 号楼为例，分析比较该光伏系统估计输出功率和实际输出功率之间的关系，如图 3－52 所示。

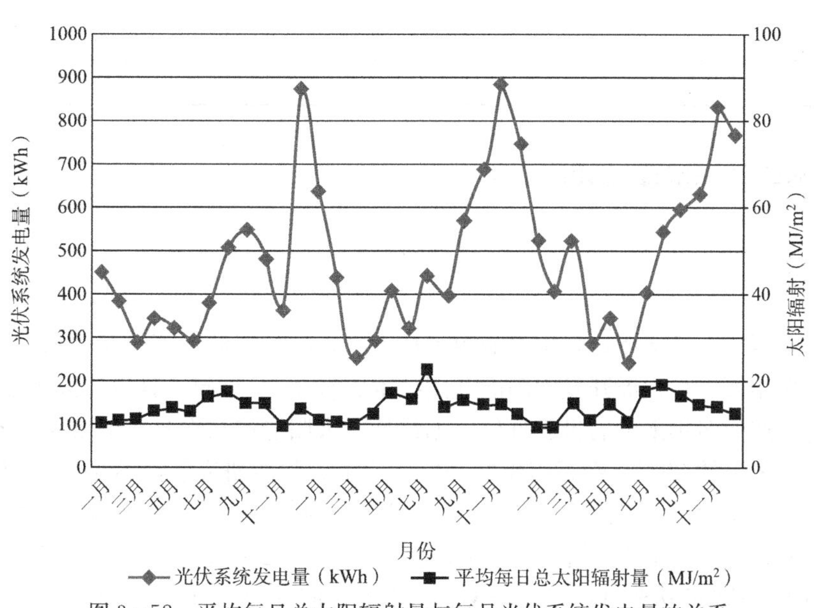

图 3－52　平均每日总太阳辐射量与每月光伏系统发电量的关系

图 3－52 中的数据是平均每日总太阳辐射量和每月光伏系统发电量，咋看起来两者的大小并不成比例，实际上这是由于测试太阳辐射的仪器是水平放置，而该楼上的光伏系统是垂直朝南安装的原因造成的。图中显示光伏发电量的峰值是在冬季，此时太阳高度角较低，垂直面接收的太阳辐射量较大，而水平面上的太阳辐射量并不处于最大值，在香港水平面太阳辐射值出现最大值的月份是在 7～8 月份，和图中的数据相符。

由于每年太阳辐射量的变化和光伏系统各部件的效率影响，光伏系统的实际发电量很难预测的准确，设计时的未来发电量的预测只能作为参考。表 3－17 中的对比清楚地表明 2 号建筑物的光伏建筑一体化系统实际每年的光伏系统发电量要高于设计阶段的模拟值，实际的平均每年发电量为5814.7kWh，每峰瓦年发电量仅仅0.323kWh，远远低于最佳安装平面的每峰瓦年发电量（约1.1～1.2kWh），但受到建筑外表面的朝向限制而不能随意改变安装朝向。该系统总光伏板面积为159.6m²，单位光伏板安装面积光伏发电量年输出为36.4kWh/m²，也远远低于最佳朝向的光伏板单位面积的年发电量（约145～165kWh）。在香港，光伏板的最佳安装倾角为15°，这是根据前30年的气象数据得出的，而不是常常讲的当地地理纬度（22°），原因是香港夏季太阳辐射很强，春季的阴雨天较多。就全年累计发电量来讲，小一点的倾斜角系统全年可以发出较多的电力。当然，如果全年的天气都很好，当地的地理纬度仍是最佳安装倾角。

2号建筑物光伏系统全年电能输出　　表3-17

	年平均太阳辐射（kWh/m²）	年光伏系统电能输出（kWh）	单位光伏板面积年电能输出（kWh/m²）
设计阶段模拟值	1491.1	4266.9	26.7
2006年	1327.7	5244	32.8
2007年	1427.7	6088	38.1
2008年	1377.9	6112	38.2
平均	1377.5	5814.7	36.4

3.10 日本典型光伏建筑项目

3.10.1 概述

作为世界第二大经济体，日本是能源消耗大国，而其能源极度依赖进口。因此，资源短缺的日本多年来一直积极开发太阳能利用技术。自2000年起，日本的太阳能光伏发电、太阳能蓄电池产量多年来位居世界首位。据统计，太阳能产品在日本的市场占有率已达到30%，仅次于德国的39%。经过多年的开发，日本太阳能研究已经达到了世界最高水平。1997～2004年间，日本的太阳能普及率始终保持着90%的增长率。日本居民光伏屋顶系统的生产及安装能力平均年增长率极为迅速，其中2002年增长了47%，2003年增长了45%，2004年安装量达到113.2万kWp，日本政府计划2010年总计安装量为482万kWp，比2004年增加3倍以上。在这种形势下，各种复杂而有创意的太阳能光伏建筑系统越来越多。截至2002年底，在全世界各工业国中安装运行的太阳能光伏电力机组超过1300MWp，其中约640MWp（48%）位于日本，并且日本的这些项目大多采用与建筑结合的系统形式。这使得日本在太阳能光伏建筑一体化领域中的地位显得尤为突出。本节以日本第一个大规模采用太阳能光伏发电的建筑为例，详细介绍光伏建筑一体化系统在日本的应用和运行情况。

3.10.2 系统简介

SBIC东大楼位于东京Shibuya车站南侧新出口处。这座建筑包括地上八层和两层地下室，总面积达 7663m²。在建筑的初步设计阶段并没有考虑采用太阳能光伏系统。建筑落成之后，为了减少建筑的空调负荷，设计安装了一套容量为 29.7kWp 的太阳能光伏系统，如图 3-53 和图 3-54 所示。

此太阳能光伏建筑一体化系统采用了半透明垂直窗模块，屋顶标准模块和屋顶遮棚模块等安装形式。安装的光伏模块在产生电力的同时也减少了建筑的空调负荷。这是日本第一个采用光伏建筑一体化的大型建筑，为保证系统运行效率，在确定系统详细设计之前，设计者先对附近建筑对这座建筑的太阳辐射遮挡情况进行了详细的分析，并将结果显示在鱼眼照片中，如图 3-55 所示。

图 3-53　SBIC 东大楼南立面

图 3-54　遮阳设计

图 3-55　鱼眼照片评估

3.10.3　系统性能

表 3-18 列出了这套系统从 1998 年 4 月到 2000 年 12 月间的主要性能参数。这些数据表明：系统保证率为 4.9%，与其性能百分比相比较低。显然，这主要是受光伏排列的几何尺寸、朝向和四周建筑遮挡情况的影响造成的。总体而言，这套系统具有较高的性能百分比和功效，且在测试时间段内，系统正常运行时间长达 94.4%。

系统各性能参数　　表 3-18

1998 年 4 月至 2000 年 12 月	总计	1998 年 4 月至 2000 年 12 月	总计
发电量（kWh）	30391	最终光伏排列输出（h/d）	1.188
CO_2 减排量（kg）	5470	性能百分比（%）	52.8
系统保证率（%）	4.9	功效（%）	81.0
参考输出（h/d）	2.249	运行时间（d）	863
光伏排列输出（h/d）	1.456	停机时间（d）	51

SBIC 东大楼属于东京中小企业投资咨询公司所有。太阳能光伏建筑一体化系统于此建筑的使用，一方面可以减少夏季的空调负荷，从而减轻了公司的运行费用；另一方面太阳能光伏发电这种可再生能源技术的应用可以减少对传统能源的消耗，减少了对环境的污染。

3.11 美国典型光伏建筑项目

美国纽约 Coney 岛的 Stillwell 地铁站是世界上最大的高速运输铁道站，也是该地区第一座由太阳能提供电力的铁路终端站点（见图 3－56 和图 3－57）。Stillwell 地铁站始建于 1916 年，于 1999 进行了大规模改造。

图 3－56 纽约 Stillwell 地铁站内视图（左）和顶棚局部图（右）

图 3－57 车站夜景

Stillwell 地铁站重建工程是纽约地铁最大的投资项目之一。纽约市地铁通过了 ISO 14001 环境管理体系认证，这要求在地铁站设计施工过程中必须考虑环保因素。当时，设计者创新性地提出使用光伏建筑一体化技术。该地铁站的光伏顶棚由三个联拱形屋顶连接组成，如图 3－58 所示，是目前全球最大的单一“联片式”薄膜太阳能电池建筑，此非晶硅光伏建筑组件的使用使地铁站呈现出独特的外观。光伏顶棚采用了由 RWE SCHOTT Solar（RSS）生产的半透明非晶硅光伏玻璃组件（见图 3－59 和图 3－60），Glaswerke Arnold 公司通过进一步封装，将其变为适合架空使用的光伏建筑材料。拼接好的光伏组件，预先安装在框架中，然后固定到基础上。

图 3 - 58　纽约 Stillwell 地铁站顶棚外观

图 3 - 59　光伏顶棚细部图

图 3 - 60　Stillwell 地铁站施工过程中导线布置图

拱形光伏顶棚总面积约为 7060m^2，由 2730 块电池组件构成，覆盖了整个屋顶。系统年发电量为 250000kWh，相当于 8300 支光管的电力，足以供应 40 个美国家庭的平均用电量。此系统可以提供 Stillwell 地铁站全年 15%的电力需求，天气晴朗时，这个比例甚至可以达到 65%。由于减少了使用传统化石燃料燃烧提供的电力，这项工程创造了极大的环境效益。据估计，系统建成使用后每年有效减排二氧化碳 125 吨，二氧化硫 227kg，氮氧化物 159kg。除了提供电力需求外，光伏顶棚的安装还带来了更多的好处，比如站台和铁轨由于不直接暴露在阳光下，将会降低维护成本、为旅客提供了庇荫处，使乘车环境更加舒适。此外，BIPV 的建筑形式使 Stillwell 地铁站成为 Coney 岛上一道独特的建筑景观，对其旅游业的发展具有良好的促进作用。

对于日人流量超过 7 百万的 Stillwell 车站，它的正常使用与系统的稳定运行是分不开的，因此系统的维护和使用寿命是设计安装过程中的重要考虑因素。工程采用的是非晶硅双层玻璃组件，PVB 材料封装，其机械强度高，粘结性能好，使用寿命长。由于车站距离海边不到 300m，因此设计还要兼顾防风抗震要求。每一个光伏组件在安装前都经过了严格挑选，并进行编码。整个顶棚上安装了 192 个数据监控采集点，一旦出现故障，问题组件可以很容易被探测定位。在顶棚支架上还预设了一些狭小的通道，维修人员通过可移动的台架可以到达任何一块组件，方便必要时更换。除此之外，逆变器、数据监控采集器、接线盒、导线布置等的安装方式及安装位置都经过了认真考虑。图 3-56 给出了 Stillwell 地铁站施工过程中的导线布置图。可以说无论对于美国还是全世界，Stillwell 地铁站都是 BIPV 建筑领域一个非常成功的案例。

3.12 英国典型光伏建筑项目

3.12.1 诺丁汉可再生能源中心的光伏建筑项目

诺丁汉可再生能源中心是一座两层的办公及教育建筑，如图 3-61 所示。工程的主要目的是展示现有的商用光伏技术，监测光伏系统的运行性能，协助该学院分析可再生能源和节能技术。

图 3-61 诺丁汉可再生能源中心

该中心采用的可再生能源和节能技术有自然通风、以窗户和光纤实现的白天自然照明、雨水的收集和利用、太阳能集热器加热制取生活热水及太阳能光伏发电系统。

可再生能源中心的屋顶总面积为 160m²，倾斜角 16.5°，墙壁面积为 50m²，都适合安装太阳能装置。一半的屋顶空间用于安装太阳能集热器和部分加热设施，其余的屋顶空间用于安装太阳能光伏发电设施，包括 BIPV 和实地测试的组件。

垂直的光伏板阵列既能够突显 BIPV 技术，又可保证在低层的屋顶作业。然而，由于主屋顶屋檐伸延过长，为避免遮挡投射到垂直外墙上的阳光，此建筑所采用的方法是用支架将光伏板阵列远离外墙，外伸至阳光照射处。虽然这样做不能以光伏板取代外墙的建筑物料，但是外墙与光伏板阵列之间的空隙加强了自然通风，降低了光伏板温度，从而提高了其发电效率，同时，这个空隙为光伏板阵列及其组件的检查提供了空间。

BIPV 系统的能源分析使用 PVSYST [1] 软件来模拟计算，至于外观的美学评估，则利用计算器辅助设计（CAD）软件来帮助定位和选择合适的光伏系统。鉴于工程的目标之一就是展示可再生能源技术，光伏板阵列应定位于学生和参观者容易看到的最突出的位置。

工程采用的是 Solapak 的非晶硅光伏板（a-Si cells），其非晶硅材料被封装在表层玻璃和用作防水的塑料薄膜之间构成光伏板，承托光伏板的铝合金支架安装在墙的表面，大部分都是垂直安装的，只有在窗户以下位置的光伏板以与水平面倾斜58°的倾斜角安装。整个光伏板阵列（总面积19.9m²，朝向东南30°）中共有7组并联电路，每个并联电路由4块光伏板串联而成。光伏板阵列在标准测试条件（STC）下的测试结果为：开路电压264.0V，短路电流7.00A和峰值功率为952Wp。系统选用了Sunny boy（SWR1110）逆变器来连接光伏系统和建筑物主电源。

可再生能源中心的光伏系统于2000年3月成功安装，并于该年5月开始运行，自8月起开始检测并收集系统数据。根据使用PVSYST软件模拟的结果，该光伏系统将提供约283kWh的发电量，但实际测试结果表明系统并未达到预期的发电量，如图3-62所示。

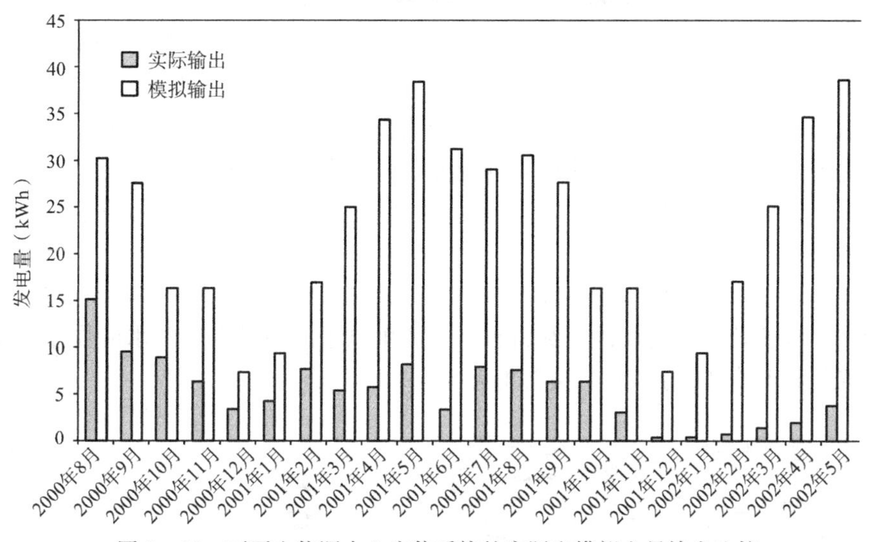

图3-62　可再生能源中心光伏系统的实际和模拟电量输出比较

整个光伏系统在测试期间的效率为0.66%，这与使用PVSYST软件模拟得到的年平均系统效率2%相差很大。系统发电量较小的原因除了光伏板阵列不利的朝向（方位角=−30°）、逆变器和监测系统的功率损耗之外，还有其他原因，主要包括：

（1）部分阳光被遮挡，导致光伏板阵列的子阵列发电量不匹配；

（2）逆变器功率比（IPR）和光伏模块峰值功率被削减的影响；

（3）最大功率点跟踪不适当；

（4）光伏模块自身可能存在缺陷。

3.12.2　生态能源房屋的光伏建筑项目

生态能源房屋是具有四个卧室的独立住宅，如图3-63所示。它采用了一系列可再生能源和节能技术，以便研究这些技术用于住宅建筑时的兼容性和可行性。

该生态能源房屋采用的可再生能源和节能技术有太阳能集热器加热制取生活热水、光纤照明、太阳能与通风凹槽的结合用于辅助通风、太阳能光伏发电系统、雨水的收集和利用及地源热泵系统。该工程的重点是采用BIPV的概念，利用太阳能光伏发电系统来供给住宅部分的电力需求。

这个光伏系统的主要目的是作示范项目。在正常操作条件下，监测系统会自动监测和

图 3-63　生态能源房屋

记录系统的运行性能，调节特性及系统的不足，以便让大众更广泛的认识从而接受和提倡可再生能源技术。

生态能源房屋的光伏工程因为在设计初期得到资助，所以有更多的机会来安装完善的 BIPV 系统，石瓦式屋顶光伏系统因能很好地覆盖可用的面积而被此工程选定。

工程使用 PVSYST［1］软件对光伏系统作模拟计算和能量分析，用于选择适当的光伏系统和确定最适合安装光伏板的屋顶位置。为了增加上午和黄昏时太阳能光伏系统的发电量，应将光伏板阵列分配于东、南、西面的屋顶，但是这种方案的投资成本过高。综合考虑各种因素后，选择南面屋顶为最佳安装位置，并只于南面屋顶上安装了光伏板系统。为了确保在有限的安装面积上生产最大的电量，工程选用了光电转换效率较高的单晶硅技术。光伏板安装如图 3-64 所示。光伏板采用传统屋顶石瓦一样的方式重叠安装，可以替代传统的屋顶石瓦材料，在产生电量的同时提供防水的作用。安装在南向屋顶的光伏板共有 14 行，安装倾斜角为 52°。

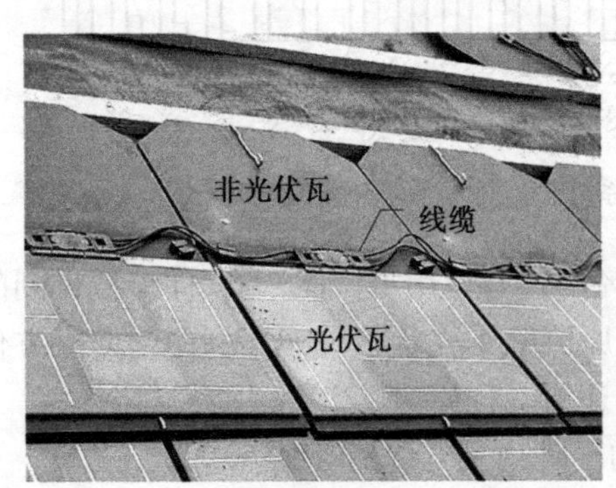

图 3-64　环保能源建筑南向屋顶上光伏板安装图

安装时使用专用钩件将光伏板固定在屋顶支架上。光伏板阵列是由两个并联连接的子阵列组成，每个子阵列由 66 个 11.88Wp 的光伏板串联连接。整个光伏板阵列在标准测试条件（STC）下的测试结果为：开路电压 235.6V，短路电流 8.9A，峰值功率 1568Wp。工程选用了一个 SWR1100 Sunny boy 逆变器来连接光伏系统和建筑物的主电源。

生态能源房屋的光伏系统在 2000 年 3 月完成安装，于同年 6 月开始运行，自同年 9 月起开始监测。用于此系统的 SWR1100E 逆变器与峰值功率为 1568Wp 的光伏板阵列匹配得很好，其 IPR 为 0.7，与可再生能源系统中心的光伏系统相比，生态能源房屋的光伏系统设计非常合适。根据使用 PVSYST 软件模拟的结果，此系统的效率是 8.9%，每年的产电量为 1094kWh。

系统实际测得的生产电量低于 636kWh，相当于此住宅建筑总耗电量负载的 12.2%，系统年均效率为 3.6%。很明显，这个示范系统的实际产电量仍然比模拟计算结果低了 20%。与可再生能源中心的系统不同，此光伏系统产电量的减少并不是由于逆变器的原因，而是由于光伏板阵列中的部分模块被树荫遮挡而降低了电量输出。模拟计算指出，由于树木遮挡而导致的系统年产电量的减少约为 20%。

另外一个影响系统性能的原因是光伏电池的运行温度过高，这是由光伏板在屋顶上的安装方式造成的。如前所述，光伏板采用传统屋顶石瓦一样的方式铺设于屋顶之上，由于光伏板之间相互重叠粘结，且光伏板底部的木质结构导热系数差，导致了发热的光伏板向下面屋顶的传热热阻很大，散热受到限制。由于光伏板得不到及时冷却，温度升高，导致其发电效能随之下降。实际测试结果表明，在中午时分，屋顶空间的温度只有 33℃时，光伏板的温度已超过了 70℃，如图 3-65 所示。

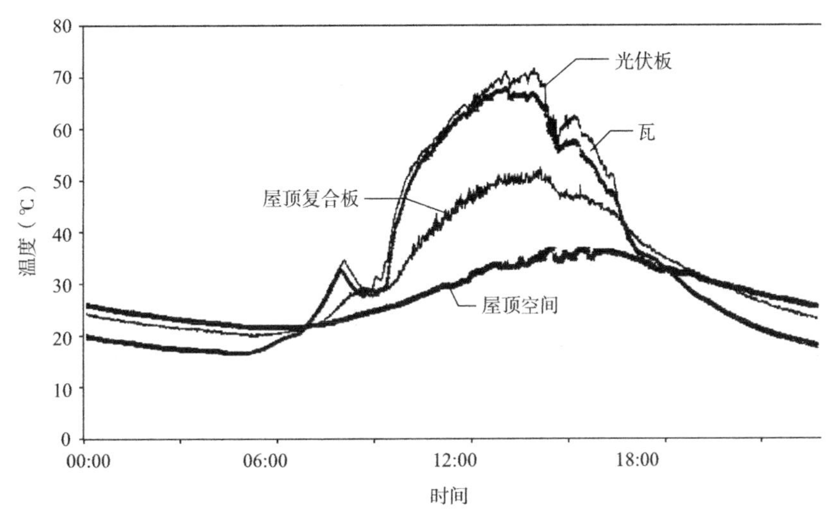

图 3-65　生态能源房屋光伏系统中光伏板及屋顶结构的温度变化（2001 年 7 月 4 日）

参考文献

[1] Siemens Ltd. Testing and Commissioning Procedure for PV System of the HK Polytechnic University Phase 7.

[2] Siemens Ltd. The Hong Kong Polytechnic University Phase 7 Development Operation & Maintenance Manual for PV System.

[3] Siemens Ltd. Sunny Data Control Operating Instructions-PC Program for the Sunny Boy Control.

[4] Yang Hongxing. Operation and Maintenance Manual for the BIPV System of the New Reception Center at Kadoorie Farm & Botanic Garden.

[5] ASP Ltd. Top Class Grid III Inverter for grid feeding application.

[6] Yang Hongxing and Sun Liangliang. Review Study on Performance of the Sustainable Energy Systems in the KFBG Reception.

[7] 许洪华，定世攀．深圳国际园林花卉博览园 1MWp 并网光伏电站系统描述及效益分析．中国科学院电工研究所．

[8] 李康彦．北京南站太阳能光伏发电系统设计探讨．建筑电气，2008，27（11）：8-17.

[9] Siemens Ltd. The Hong Kong Polytechnic University Phase 7 Development Operation & Maintenance

Manual for PV System.
[10] Siemens Ltd. Sunny Data Control Operating Instructions-PC Program for the Sunny Boy Control.
[11] http: //www. rrcap. unep. org/ecohouse/5 _ Presentation%20by%20UNSW. pdf.
[12] Jiro Ohno. Examples of Successful Architectural Integration of PV: Japan Progress in Photovoltaics. Research and Applications, 2004, 12: 471 - 476.
[13] S. A. Omer, R. Wilson and S. B. Riffat. Monitoring Results of Two Examples of Building Integrated PV (BIPV) Systems in the UK. Renewable Energy, 28 (2003) 1387 - 1399.

第4章　光伏建筑经济性补贴

4.1　德国的补贴政策

4.1.1　德国光伏并网发电的进程

1990年，联邦德国政府在世界上率先推出“一千屋顶”计划，至1997年完成近万套屋顶光伏发电系统，累计装机容量达33MWp。在此基础上，德国政府于1998年进一步提出“十万屋顶”计划，并于2000年开始实施，大量安装光伏发电系统，实际装机容量为345MWp。2005年，由德国太阳能协会、西部基金和壳牌太阳能公司联合兴建了世界上功率最大的太阳能电站并正式并网发电，该项目耗资2200万欧元。整套发电装置由3.35万块太阳能电池板组成，占地21.6hm^2，电站功率为5MWp，可为1800个家庭提供生活用电。2006年，当时全球最大的太阳能发电厂再度在德国南部正式投入运营，这家太阳能发电厂投资7000万欧元，占地77hm^2，总容量达12.4MWp，可以同时满足3500个家庭的用电需求。

德国是世界上利用太阳能发电最多的国家，全国太阳能发电量相当于一个大城市的用电量。截至2005年年底，德国共有670万平方米的屋顶铺设了太阳能集热器，每年可生产4700MWh的热量，已有4%的德国家庭利用了清洁环保的太阳能，估计每年可节约2.7亿升取暖用燃油。

太阳能在德国较高程度的普及是与政府的支持分不开的。如果是小型太阳能系统，投资者能得到补贴或低息贷款，而地方性的大型太阳能装置，则由实验及示范项目支持完成。据德国联邦太阳能经济协会的统计显示，2005年德国的太阳能发电总量达50MWp，其中25%用于出口。德国之所以获得这么大的太阳能发电能力，是因为德国政府为每度太阳能电力提供高达0.64欧元的补贴，这一额度几乎相当于一般火力发电价格的10倍。

4.1.2　德国光伏产业补贴政策

20世纪90年代中后期，德国对世界上几种较成熟的光伏技术进行了认真的研究和分析，依据光伏组件30年来的成本变化规律以及规模效应，得出光伏组件成本随累计安装量呈指数下降趋势（Leaning Curve）：安装量每扩大一倍，成本下降20%（主要是晶硅太阳能电池技术，含技术进步因素）。分析结果表明，只要通过开拓市场、扩大组件生产，晶硅太阳能电池、CdTe太阳能电池与CIGS太阳能电池都可以使组件成本下降到1美元/Wp左右。上述研究成果为制定上网电价提供了理论依据。

德国在先后实施的“一千屋顶”计划和“十万屋顶”计划的基础上，于2000年1月颁布了与“全网平摊”相配套的《可再生能源法》，对光伏发电实施0.99马克/kWh的上网电价。并于2004年1月1日再度调整了光伏发电上网电价，表4－1列出了调整后的上网电价。可以看出，不同类型的系统采用不同的上网电价，更加科学、合理，也更容易操作。《可再生能源法》还明确规定，以后每年上网电价下降5%，既考虑了实情，又符合上网电价实施的目的，同时对企业开拓市场有更积极的鼓励和鞭策作用。

德国可再生能源法2004年修订后的光伏上网电价　　表4-1

系统类型	上网电价（欧分/kWh）		
	＜30kWp	30～100kWp	＞100kWp
建筑屋顶	57.4	54.6	54.0
建筑立面幕墙	62.4	59.6	59.0
地面光伏系统	45.7		

德国的光伏发电市场在《可再生能源法》的推动下健康快速发展，使德国超过日本成为世界上最大、发展最快的市场。德国的光伏产业也很快超过美国，成为当时仅次于日本的世界第二大太阳能电池生产国。自2004年起，德国每年光伏系统的安装量达0.5～1GWp，至2007年，累计安装量就已经实现2010年欧洲白皮书规定的3.6GWp的目标。

《可再生能源法》的实施使光伏发电上网价格快速下降，表4-2是德国2007年的上网电价，对比表4-1可以看出，3年间电价下降了约17%。事实上由于2004年以来硅材料短缺，减缓了硅太阳电池生产成本的降低速度，否则电价下降会更加明显。

德国2007年的光伏上网电价　　表4-2

系统类型	上网电价（欧分/kWh）		
	＜30kWp	30～100kWp	＞100kWp
建筑物和隔声屏障	49.21	46.82	46.30
光伏建筑集成	—	+5	—
地面光伏系统	—	37.96	—

自德国推出了《可再生能源法》以来，人们才真正认识到规定上网电价是众多法规和政策中最科学、最有效的推动举措，而且可以带来巨大的社会、经济和环境效益。许多国家纷纷效仿德国实施了可再生能源法，目前已有40多个国家和地区规定了上网电价。表4-3列出了部分国家和地区规定的上网电价。

部分国家和地区规定的上网电价　　表4-3

国家和地区	上网电价（欧元/kWh）	实施年数
德国	0.55（平均）	20
比利时	0.45	20
希腊	0.49	20
意大利	0.45	20
葡萄牙	0.44	15
西班牙	0.42	25
美国华盛顿州	0.43（美元）	10
美国加利福尼亚州	0.50（美元）	3
韩国	0.58	15

德国《可再生能源法》的科学性表现在：既通过法规让光伏发电进入市场，同时又让市场规律和机制发挥作用，从而调动了全社会的积极性，人们把建设光伏电站看作既对能源和环境的可持续发展的贡献，又能获利的投资项目。由于引入了市场经济规律，企业在建设光伏电站中公开、公平、公正地自由竞争，优胜劣汰，有利于提高工程质量、降低成本。在政府必要的市场监督和市场规范控制下，光伏市场能够健康发展，用最少的平摊基金做尽量多的事情。市场经济手段是发展光伏发电市场和产业最科学的措施。

4.1.3 德国光伏发电近期经济政策的调整

德国自2005年超过日本后，一直保持世界光伏发电总量第一的位置，到2008年累计装机容量已达5.2GWp。从每年新增装机容量看，2003～2007年间德国稳居世界第一，而2008年西班牙以新增装机2.6GWp超过德国，德国以1.38GWp居第二位。德国光伏发电的成就，得益于其自2000年开始实施的可再生能源电力的上网电价政策。2004年在修订《可再生能源法》时，对电价机制和电价水平进行了调整，具体对光伏发电的规定是：

(1) 2004年光伏发电价格为45.7欧分/kWh，如果是与建筑结合的光伏发电装置，依据容量大小不同，上网电价为54～57.4欧分/kWh。

(2) 新建项目上网电价2005年减少5%，2006年后递减6.5%。到2008年，并网荒漠太阳能电站的上网电价是35.49欧分/kWh。而并网光伏屋顶系统，若容量≤30kWp，电价不低于44.57欧分/kWh；若容量在30～100kWp之间，电价不低于42.40欧分/kWh；若容量≥100kWp，电价不低于41.93欧分/kWh。

德国对光伏发电等可再生能源实施固定上网电价政策，一方面促进了本国光伏市场的迅速发展；另一方面也付出了较高的经济代价。德国对可再生能源电力高电价的补偿资金直接来源于电力用户，2006年德国累积光伏装机容量为2.8GWp，电力用户为可再生能源发电支付的费用约为4欧元/MWh，其中1/3用于补贴光伏发电（相当于0.013元人民币/kWh）。考虑到减轻电力用户负担以及更有力地促进光伏发电技术的发展和降低成本，德国在2008年6月新修订的《可再生能源法》中，根据光伏系统容量不同，将电价水平进行了较大幅度下调，定为33～43欧分/kWh，并取消了原来建筑立面墙安装光伏5欧分/kWh的额外补助电价，新的电价政策于2009年1月1日起实施。对比2008年和2009年的电价，荒漠电站的电价下降了7%，建筑立面墙小于30kWp的光伏系统电价则下降了13%，大大高于之前6.5%的年递减速度。此外，德国将加快今后电价的下降速度，规定：根据光伏系统容量大小，100kWp以下系统2009年的下降幅度为8%，100kWp及以上系统2009年的下降幅度为10%，至2011年的年降幅均为9%。

德国2008年光伏电价新政策的另一个重要特点是从以前单纯的固定电价政策转为通过调整电价水平来控制光伏市场规模。这样既可以控制电力用户的负担，保证支付的费用不会过度增加和光伏市场的稳步发展，又可以在一定程度上做到电价对光伏发电市场规模和光伏发电成本变化的及时反馈。其具体规定体现在：如果2009年、2010年和2011年光伏市场年新增容量分别超过150万kWp、170万kWp和190万kWp，则第二年的电价降幅要在规定的基础上上浮一个百分点；反之，如果2009年、2010年、2011年光伏市场年新增容量达不到100万kWp、110万kWp、120万kWp，则第二年的电价降幅要在规定的基础上下降一个百分点。这样的政策表明，德国希望在2009～2011年间保持光伏发电

20%左右的年增产速度，而这一增长速度大大低于过去的增幅（2004～2008 年的年均增长速度为 60%）。并且德国新增市场容量的设计远低于 2008 年之前国际研究机构和光伏企业对德国市场的预期，对全球光伏制造业将不可避免地产生巨大冲击。

4.2 日本的补贴政策

4.2.1 日本光伏并网发电的进程

日本的民用太阳能发电系统始于 1974 年的阳光计划，当时对于太阳能的利用主要以热能为主，而对于太阳能光伏发电系统主要以降低造价为目标。经历了两次石油危机后，日本设立了太阳能学会和太阳能系统振兴协会。

1980 年，设立了新能源综合开发机构 NEDO，并制定了太阳能系统普及促进融资制度，以利息补助的方式促进融资。

1992 年，开始实行电力公司以电力卖出价格收购太阳能光伏发电系统的剩余电力的制度。

1993 年，制定了系统并网技术指导和净电表制度，将白天太阳能光伏发电系统的剩余电力卖给电力公司，所得利益冲抵购买电力费用，以尽快回收初投资。同年，开始实施新阳光计划，将太阳能发电系统从作为石油替代能源提升到降低温室气体排放、保护地球环境的高度，以进一步促进其技术的开发和普及应用。

1994 年，《新能源导入大纲》中提出，到 2010 年太阳能光伏发电系统的计划目标容量为 4.6GWp。该目标于 1998 年和 2001 年又经过两次修订，改为 4.82GWp。

1999 年，太阳能电池作为一种建筑材料得到了建设省大臣的肯定，日本的太阳能电池产量也在这一年达到 80MWp，居世界第一。

2000 年，颁布了绿电购入法，各电力公司设立了绿色电力基金，用来购入太阳能光伏发电系统等可再生能源产电的剩余电力。

2002 年日本政府颁布了《新能源电力发电法》，又称为 RPS 法，规定购买的剩余电力也可以算入电力公司上网电力中的可再生能源发电的市场份额，从而促使电力公司更愿意购买剩余电力。购买电价也基本相当于卖出价格，如日本九州电力 2008 年购买低压并网光伏发电系统的剩余电力价格为 25 日元/kWh。

住宅建筑用太阳能光伏发电系统的补助政策始于 1994 年，终于 2005 年。为初期投资提供了费用补助，促进了太阳能光伏发电系统在住宅建筑中的应用，且根据初投资费用的降低逐步减少补助费用，从 1994 年的 192 万日元/kWp 降低到 2005 年的 66.1 万日元/kWp。而补助金额则从每千瓦时最高 90 万日元降低到 2005 年的 2 万日元。全日本为此提供的年补助费预算从 1994 年 20 亿日元逐年增加，至 2001 年达 235 亿日元，以后逐年减少，2005 减至 26 亿日元，2005 年后，国家规模的补助金被取消。当然仍然有一些地方自治体补助住宅的太阳能光伏发电系统。据统计，2007 年约有 303 个地方自治体为此提供了补助。

经过多年技术开发的支持和促进政策的普及实施，日本的太阳能光伏发电系统已经形成了稳定的技术与产业体系。太阳能光伏发电系统从技术到设置容量上都得到了迅速发展，尤其是住宅建筑的太阳能光伏并网发电系统，已经成为最大的太阳能光伏发电系统设置用户。这与初期设备费用的降低、剩余电力上网而带来的电费节省等带来的经济效益密切相关。到2007年，日本的太阳能光伏发电系统装机容量累计达1918.891MWp，其中住宅建筑的装机容量累计为1458.53MWp，占总装机容量的76%。近年来全电化住宅在日本成为一种新的能源住宅方式。所谓全电化住宅是指家里消费的所有能源终端都是电能，包括厨房做饭以及热水供应，这种方式具有安全、便利和能源利用费用低的优点。尤其是在导入太阳能光伏发电系统之后，利用电力公司提供的分时电价收费体系和太阳能光伏发电系统的并网卖电所得，极大地降低了家庭的能源使用费用支出，由此更加促进了住宅建筑太阳能光伏发电系统的推广与普及。

4.2.2 日本光伏发电近期经济政策的调整

日本对光伏发电采取的经济政策主要是投资补贴政策与净电表制度。净电表制度即在电力用户和电网之间安装双向电流表，配备光伏发电系统，这样在白天光伏发电高峰时（用户用电量低谷时段），用户向电网供电，而在夜间光伏系统不发电时（用户用电量高峰时段），用户从电网购电，光伏系统得到的电价是用户从电网购电的价格。日本各地区的用户电力销售价格略有差别，但普遍比较高，一般在30～35日元/kWh（合2.1～2.4元人民币/kWh）。2005年之前，日本支持光伏发电不仅采用净电表制度，还对用户进行投资补贴。1994～2005年，日本通过新阳光计划和用户光伏系统补贴项目，对用户安装光伏系统给予投资补贴，最初3年的补贴高达50%，之后补贴比例逐渐减少，但随着光伏发电成本的降低，用户承担的部分变化不大，至2005年补贴完全取消。致使日本的光伏发电在1994～2005年发展很快，2005年后市场下滑。从新增市场规模角度来看，日本先后被德国、西班牙、美国超过，目前光伏市场装机容量排名世界第三。与此同时，日本国内光伏制造业明显退步，2007年日本夏普电池产量排名世界第一的位置被德国Q-cell取代，我国的尚德也超过了京瓷成为世界第三。日本提供的价格和补贴等财税政策成为光伏市场和产业的经典范例。

2008年6月，日本开始讨论重新启动光伏发电系统补贴政策，7月即公布了“低碳社会行动计划”，其目标是到2020年光伏发电容量达到目前的10倍，2030年达到目前的40倍，并启动对10kWp以下户用光伏系统进行投资补贴政策，标准为7万日元/kWp（合5元人民币/Wp），约占系统价格的10%。此外2009年新方案规定以高于家用电费的价格收购上网电量，即40～50日元/kWh，实行该补贴价格的资金均追摊到民用电费中。同年11月，日本经济产业省联合其他3省发布了“推广太阳能发电行动方案”，为公用建筑安装光伏系统提供50%的投资补贴，获补贴的范围包括之前的学校和地方政府管理的公用建筑，并新增了机场、火车站和高速公路服务站。光伏业界普遍看好日本2009年后的光伏市场，因为日本将在2008年30万kWp市场容量的基础上有显著增长，2009年将达到50万kW左右的市场规模。

4.3 美国的补贴政策

4.3.1 美国开发利用太阳能的政策

1. 鼓励技术创新

在太阳能光电技术开发与应用过程中，美国政府和民间共同重视研究、开发和推广新技术以降低经济成本。除了政府资助研发外，美国还建立了数量可观的技术商品化示范项目。在1997年推行的“百万光伏屋顶”计划中，制定了太阳能光伏发电系统电价逐年下降的目标，计划太阳能电价从1997年的22美分/kWh，下降到2005年的10.6美分/kWh。

美国能源部提出了逐步提高可再生能源电力的发展计划，拟定了风力发电、太阳能发电和生物质能发电的技术发展路线图，以此来提高清洁能源的比例。其中太阳能光伏发电预计到2020年将占美国发电装机总量的15%左右，预计安装量将达到20GWp，以保持美国在光伏发电技术开发与制造水平等方面的世界领先地位。

2007年，美国能源部公布了美国太阳能计划（SAI2006－2010），其要点如下：

（1）重点支持最能有效降低成本、提高效率以及提高稳定性的光伏生产过程和产品的研究开发项目；

（2）将在2007年财政投资1.487亿美元研究开发经费，其中光伏方面经费预算金额为1.398亿美元，聚光太阳能热发电方面为890万美元；

（3）将对以光伏工业为导向的研究开发项目予以投资，从而降低成本扩大本国的光伏产量；

（4）对拥有从实验室研发向商业化过渡潜力的新型光伏电池公司给予支持，通过能源部投资、NREL和Sandia国家实验室的技术支持，使得新一代光伏电池在2011年以后走向市场，并使其成本逐步下降到5～15美分/kWh。美国太阳能计划支持消除非技术性障碍，包括：技术标准、技术规范、产品认证和技术培训；

（5）美国太阳能计划将促进美国各州电力公司建立伙伴合作关系，制定相关法规和激励政策以促进太阳能应用的推广；

（6）促进太阳能热发电的技术开发、批量生产和项目规模扩大。

2. 政府政策上的支持

为了促进可再生能源的开发与利用，美国联邦和州政府，实行强制性管理与经济激励并重的方针。

对于光伏发电，美国在30个州都通过了《净电量计量法》，允许光伏发电系统上网和计量，电量按电表净读数计量。电表可以倒转，若用电量大于光伏发电量，用户按照用电量和光伏电量的差额付费。

在电价方面，美国加利福尼亚州的“购买电价”政策是直接对太阳光伏发电系统的初投资进行补贴，大约每峰瓦补贴4美元。部分州采用可避免成本的计算方式，确定可再生能源电价。由于可避免成本的计算是相对常规能源而确定的，不同的可再生能源得到的电价相同。还有一些州则制定了按净用电量收费的方法，相当于按照销售电价确定可再生能源电价。这种价格的形成机制与固定价格相类似，其效果也大同小异。

3. 强化光伏市场开拓

在开拓光伏市场方面，美国联邦和州政府主要通过经济刺激、制定市场标准规范与建立发电配额制度三大举措来实现。

美国政府主要采用税收优惠政策与建立风险投资基金等方式，以培养市场。一方面，对光伏系统设备投资和用户购买产品给予税额减免或税额扣减优惠；另一方面，将高风险的光伏项目按照创新技术项目来对待。1992年的《能源政策法》中明确规定对太阳能项目永久减税 10%。

在市场推广方面，历来保证“标准先行”的举措。首先重视对太阳能资源的充分勘察与评价，对太阳能资源以总资源量、技术可开发储量和经济开采储量三个指标，对其发展进行预测和规划，以及项目设计和评估。在此基础上制定严格的规范和标准。

美国的部分州实施强制配额或交易制度。强制配额即要求能源企业在生产或销售常规电力的同时，必须生产或销售规定比例的可再生能源电量。交易制度是指政府对企业的可再生能源发电核发绿色交易证书。绿色交易证书可以在能源企业间买卖，价格由市场决定。此时的可再生能源发电价格为平均上网电价与绿色交易证书的价格之和。既可以发挥市场自身的调节作用，又达到了提升可再生能源产品价格的目的。政府对未完成强制配额的企业制定了惩罚的额度，这一额度往往成为可再生能源发电交易成本的上限。

4.3.2 美国光伏发电近期经济政策的调整

美国对光伏发电市场采取的经济政策相对复杂一些，政策的起伏也比较大，但光伏市场的发展主要得益于五类经济政策的共同作用，即净电表制、生产税返还、投资税抵扣、配额制和税收优惠。美国电力销售价格比较低，一般为 10～15 美分/kWh，净电表制对提高小规模光伏发电系统的经济性起到了一定作用，但效果不如日本明显。生产税返还制主要对大规模光伏系统起作用，在 2009 年 2 月签署的经济刺激法案中，美国将可再生能源生产税返还的期限延长至 2011 年，在此之前建设的项目可以得到 2 美分/kWh 的电价补贴。而美国参议院也正式通过 180 亿美元的可再生能源投资租税抵减制度延长法案，其中住宅与商用大楼使用光伏发电 30%投资租税抵减制度将延长 8 年。2009 经济刺激法案中，还取消了对户用和商用光伏系统投资抵扣税的额度限制（原先户用光伏系统抵扣限额为 2000 美元/套），将对光伏、地热、小风电提供总计 8.72 亿美元的补贴，这也是业界看好近期美国光伏市场的最直接原因。目前，美国有 32 个州实行配额制，对于光伏来说，净电表制和配额制比电价相差不多，但净电表制更加有效。在两种制度都存在的州，光伏用户和电网更倾向于净电表制（操作简便）。此外，美国有 26 个州还制定了优惠贷款政策。总之，美国通过包括投资补贴、电价、税收、贷款在内的组合财税政策，提高了光伏发电项目的经济性。2008 年美国在全球新增光伏市场中以 400MWp 排名第三，装机总量达到 1.41GWp。

2008 年，美国太阳能产业约增长 9%，但经济衰退造成了一些太阳能装置的市场需求下滑，美国住房市场危机也导致太阳能热力系统的出货量下降了 3%。为帮助太阳能产业相关企业渡过难关，2009 年 3 月，美国能源部为它们提供了 5.35 亿美元的贷款担保，并在经济刺激计划中拨款 1.17 亿美元用于促进太阳能的开发与利用。

但是，从美国支持包括太阳能在内的可再生能源发展历史来看，经济政策起伏比较大，导致市场和产业发展时快时慢。虽然新的联邦投资抵扣税政策和经济刺激法案刚刚出台，但美国国内仍对是否使用财政资金大规模发展光伏发电存在争议，尤其是对扩大光伏市场究竟为创造就业、走出金融危机做出贡献还是给政府解决经济危机增加负担心存疑虑。因此目前看来，美国光伏市场前景是好的，但也存在一定的不确定性。

4.4 中国的补贴政策

4.4.1 中国台湾的补贴政策

1. 能源发展状况及相关政策

(1) 能源发展概况

中国台湾地区的总面积为3.6万km^2，一次能源资源相对匮乏。除了水力资源较为丰富外，煤炭、石油等资源非常有限。其中煤炭资源经过上百年的开发，储量已大大减少，目前大约只有1亿t，2000年煤炭的生产量不过8.3万t。石油与天然气自产能力甚微，原油产量少而不稳定，天然气产量也不断下降，远不能满足经济发展的需求。如2000年自产石油与天然气分别只占其能源供给量的0.04%与0.77%，实在是微不足道。

电力工业是中国台湾最大的能源工业，长期以来由电力公司垄断经营。水力发电在电力工业中的地位已大大下降，火力发电是目前中国台湾最重要的电力能源工业，近年核能发电较为稳定。表4-4为2000年底统计的电力发展情况。

中国台湾电力发展情况　表4-4

电厂类别	数量	装机容量（万kW）	占总装机容量比例（%）	年发电量（亿kWh）	占总发电量比例（%）
水力发电站	39	442.2	14.9	88.4	5.7
火力发电站	30	2006.9	67.7	1107	70.7
核能发电站	3	514.4	17.4	367	23.6

中国台湾地区的人均能源消费水平和能源利用效率都比较高。表4-5为2001年统计的部分国家和地区的一次能源消费情况，数据显示，2001年人均一次能源消费量达到3.99吨油当量，与日本和韩国接近，为美国人均8吨油当量的一半，比中国大陆人均0.73t油当量高出5倍多。从2001年每百万美元GDP所消耗的一次能源量来看，日本的能源利用效率是最高的，美国第二，中国台湾第三。但中国台湾与美国非常接近，其能源利用效率比中国大陆高出3倍多。

部分国家和地区的一次能源消费情况（t油当量）　表4-5

国家和地区	人均一次能源消费量	每百万美元GDP一次能源消费量
中国大陆	0.73	827
中国台湾	3.99	262
日本	4.1	92.2
韩国	4.11	305
美国	8	253

(2) 可再生能源政策推行进程

随着经济的快速发展，对能源、电力需求大幅度增加，能源消费量增长大于供给量增长，只能通过大量进口满足能源需求。2001年，进口能源量所占供给量的比例已达到

97.1%，能源供应的对外依赖性越来越大，几乎全部依赖进口。为了增加能源供给、保证经济发展，采取的能源政策是：实现能源种类多元化，分散进口能源来源地区，扩大液化天然气进口，鼓励投资海外矿藏，加强节约能源，提高能源使用效率，确保能源稳定供应。

由于受到世界能源危机与国际原油价格不断上涨的冲击，中国台湾能源政策的重点逐渐转向对新能源与可再生能源的开发利用上。

1998年5月，召开了"能源会议"，规划于2020年时，可再生能源占总能源供应比率需达到1%～3%，以实现新能源占总能源或电力结构的比例为1%～3%的目标。

1999年提出了《新能源及洁净能源研究开发计划》，用于评估各项可再生能源现状、开发难度、发展策略与建议，并阐明了短、中、长期规划与发展目标。

2000年1～5月，陆续发布了《太阳能热水系统推广奖励办法》、《风力发电示范系统设置补助办法》与《太阳能光电发电示范系统补助办法》，并依据《促进产业升级条例》实行投资抵减、加速折旧及低利贷款等财税奖励措施。

2002年1月，编制了《可再生能源发展方案》。预定到2020年，将累计投入设备成本2667亿元新台币，可再生能源装机容量累计达360万kW，实现累计生产5.05亿升油当量、发电153亿度的目标。

2002年8月，中国台湾《可再生能源发展条例草案》中，明确定义可再生能源为太阳能、生物质能、地热、海洋能、风力、非抽水蓄能或其他经主管机构认定为可持续利用的能源。到2020年，调整可再生能源发电容量的奖励总量到650万kW，并保证可再生能源发电的收购价格为：风力、水力与地热能为2元新台币/kWh，太阳能为15元新台币/kWh。

2002年12月，中国台湾《电业法修正草案》第七条规定，综合电业及发电业应设置天然气与可再生能源发电设备，其容量占该电业总容量的比例应分别达到主管机构所规定的能源配备要求。

2003年6月，提出到2010年可再生能源发电装机容量配比应达到10%的目标。

2005年6月，召开"能源会议"，重点讨论可再生能源发展，作出了如下决议：1）积极推广使用无碳的可再生能源，预定到2010年发电装机容量达到513万kW，2020年达到700万～800万kW，2025年达到800万～900万kW；2）可再生能源推广目标为：到2010年可再生能源使用率占社会总能源的3%～5%，或发电装机容量为500万kW，并持续增长；3）规划能源结构比例，预计2020年可再生能源约占4%～6%，2025年约占5%～7%；4）规划发电装机容量配比，到2020年可再生能源约占到10%～11%。其中电力公司在未来10年内需完成200台风电机组的建设工作；5）在太阳光电建设方面，加强太阳光伏发电系统建设，以2010年2.1万kWp、2015年32万kWp、2020年57万kWp、2025年80万kWp的进度逐步推进。

上述为中国台湾促进新能源与可再生能源的发展的相关举措。在2000年，又推出了《太阳能热水系统推广奖励办法》，规定了太阳能热水系统产品用户按其所购置的集热器种类与有效集热面积申请补助的办法，具体为：1）有遮盖的平板式集热器和真空管式集热器：本岛地区1500元新台币/m^2，离岛地区3000元新台币/m^2；2）无遮盖式平板集热器：本岛地区1000元新台币/m^2，离岛地区3000元新台币/m^2；3）其他类型的集热器：由主管机关核定。

从1986年到2004年，累计安装太阳能热水器集热板面积120万m^2，估算每年节约能源量相当于8.8千万升原油，每年减少二氧化碳排放量24.8万t，由此可见太阳能热水器对产业、环保和节能所作的贡献良多。但是目前户装太阳能热水器比例为3.85%，与日本的11%和以色列的80%相去甚远，应有继续增长的空间。

2. 光伏发电补贴政策

为推动太阳能光伏发电示范利用，以及奠定未来推广利用的基础，中国台湾"能源委员会"于2000年度委托工业技术研究院工业材料研究所（简称工研院材料所）为作业承办机构，办理太阳光伏发电示范系统设置的奖励辅助作业，2000年度设置目标容量为300kWp以上。

（1）补贴范围

辅助的光伏发电示范系统应用范围与设置容量（见表4-6）：1）公共设施用：1kWp以上发电系统；2）住宅用：1kWp以上发电系统；3）产业用：10kWp以上发电系统。

以往光伏发电系统的补助范围　　表4-6

容量	应用范围	设置容量合计
1kWp以上	公用设施防灾用：非营利的公共领域紧急避难防灾（医疗、救灾、通信、照明、供水、供油）的供电应用	300kW以上
	公用实施供电：学校、政府机关、公共大楼、公共场所的供电	
1kWp以上	住宅：一般住宅、综合住宅等共有场所的供电	
10kWp以上	产业：工业、农渔业、通信业等生产事业、服务业及厂房的供电	

（2）补贴项目

光伏发电系统辅助设备补贴内容如表4-7所示。

以往光伏发电系统的补助项目　　表4-7

并联型发电示范系统	独立型发电示范系统
太阳能电池模板	太阳能电池模板
模板支撑架	模板支撑架
直流电力汇流盘（含保护装置）	直流电力汇流盘（含保护装置）
直流交流电转换器	直流交流电转换器
交流配电盘（含电表、开关）	交流配电盘（含电表、开关）
配电材料	蓄电池（含架台）
上述器材的安装施工及基础工事费	配电材料
	上述器材的安装施工及基础工事费

注：1. 安装施工及基础工事费不得超过系统设置费用30%。
2. 补助项目不包括发电系统设备及安装工事的运费、证照规费、营业税及其他费用。

（3）补贴标准

并联型发电示范系统每峰千瓦输出容量补贴以新台币11万元为上限。独立型发电示范系统每峰千瓦输出容量补贴以新台币15万元为上限。太阳光伏发电示范系统补贴经费，最高不得超过系统设置费用（设备及施工安装）的50%。

3. 可再生能源补贴新政策

历经7年的积累，中国台湾《可再生能源条例》于2009年6月通过，为可再生能源奠定了长远发展的根基。在能源发展上达到了提高自产能源、促进能源多元化的目的；在环境发展上，对温室气体减排成效是不可言喻的。这一条例也带动了新兴的可再生能源产业发展。根据经济部门的推估，未来太阳能发电装置效益可达2000亿新台币以上，风电的产值也有望达800亿新台币，可再生能源的产值将超过3000亿新台币。

中国台湾《可再生能源条例》的主要内容包括：在未来20年内，可再生能源发电装置容量将新增650万～1000万千瓦，以大幅提升可再生能源利用率；运用可再生能源电能收购机制、奖励示范及法令松绑等措施提高民众使用可再生能源的积极性；对于可再生能源热利用的部分，制定推广目标，以提高自产能源比例，充分发掘可再生能源开发潜力。

1. 电能收购机制

在可再生能源电能收购机制上，对于安装可再生能源设备者提供合理的利润奖励，并要求电网经营者并联、购买可再生能源产生的电能。有关购买电价，将由经济部门邀集相关部门、专家学者与团体成员委员会，共同审定和公告可再生能源电能的购买价格及计算公式，并每年进行修正审核，在必要时还将召开听证会，以达到资讯完全公开化、透明化。购买电价不得低于电业化石燃料发电的平均成本，至于在条例施行前已与电业签订购售电契约者，所生产的可再生能源，仍须依照原价格采购。

2. 奖励示范

在奖励示范上，除借助上述电能收购机制外，对具有发展潜力、技术开发尚在初期阶段的可再生能源发电设备，于一定时期内将给予奖励；对属于可再生能源热利用部分，除运用石油基金提供奖励补助外，若为利用休耕地或闲置农林牧地栽种能源作物、提供生物质能燃料者，由农业发展基金给予奖励。

3. 法令松绑

在法令松绑部分，解除电业法中对于可再生能源属于自用发电的设置资格、发余电等限制，同时对于可再生能源土地使用、进口关税减免及执照取得等行政程序上予以简化。如利用可再生能源的自用发电设备，装置容量不超过500kW者，不受电业法现行规范限制，将放宽设置者资格，免除工作许可证登记申请，售电不限余电，以提升建立小型可再生能源自用发电设备的可能性。

中国台湾《可再生能源发展条例》的实施，标志着其能源利用步入可持续发展的道路。

4.4.2 中国大陆的补贴政策

1. 太阳能资源发展潜力

中国大陆地区2/3的国土面积年日照时数在2200h以上，年太阳辐射总量大于5000MJ/m^2，具有较好的太阳能利用条件。西藏、青海、新疆、甘肃、内蒙古、山西、陕西、河北、山东、辽宁、吉林、云南、广东、福建、海南等省、区的太阳辐射能量较大，尤其是青藏高原地区，太阳能资源极为丰富。但对于太阳能资源的开发利用，才刚刚开始。太阳能的利用形式主要有以下两种：

（1）太阳能发电。到2005年底，光伏发电的总容量约为70MWp，主要用于偏远地区居民供电。2002～2003年实施的“送电到乡”工程安装了光伏电池约19MWp，对光伏发电的应用和光伏电池制造起到了较大的推动作用。除利用光伏发电为偏远地区和特殊领域（通信、导航和交通）供电外，已开始建设屋顶并网光伏发电示范项目。光伏电池及组装厂已有十多家，年制造能力达100MWp以上。

（2）太阳能热水器。到2005年底，太阳能热水器的总集热面积达8000万m^2，年生产能力1500万m^2。全国有1000多家太阳能热水器生产企业，年总产值近120亿元，已形成较完整的产业体系，从业人数达20多万人。但是太阳能热水器应用技术较之发达国家还有差距，目前发达国家的太阳能热水器已实现了与建筑的较好结合，向太阳能建筑一体化方向发展，而我国在这方面还处于起步阶段。

2. 太阳能资源利用发展目标

（1）太阳能发电

发挥太阳能光伏发电适宜分散供电的优势，在偏远地区推广使用户用光伏发电系统或建设小型光伏电站，解决无电人口的供电问题。在城市的建筑物和公共设施配套安装太阳能光伏发电装置，扩大城市可再生能源的利用量，并为太阳能光伏发电提供必要的市场。为促进太阳能发电技术的发展，做好太阳能资源的战略储备，建设若干个示范太阳能光伏发电电站和太阳能热发电电站。计划到2010年，太阳能发电总容量达到300MWp，到2020年达到1.8GWp。建设重点如下：

1）采用户用光伏发电系统或建设小型光伏电站，解决偏远地区无电村落和无电住户的供电问题，重点面向西藏、青海、内蒙古、新疆、宁夏、甘肃、云南等省、区。建设太阳能光伏发电系统约100MWp，解决约100万户偏远地区农牧民生活用电问题。到2010年，偏远农村地区光伏发电总容量达到150MWp，到2020年达到300MWp。

2）在经济较发达、现代化水平较高的大中城市，建设与建筑物一体化的屋顶太阳能并网光伏发电设施，首先在公益性建筑物上应用，然后逐渐推广到其他建筑，同时在道路、公园、车站等公共设施照明中推广使用光伏电源。“十一五”期间，重点在北京、上海、江苏、广东、山东等省市开展城市建筑屋顶光伏发电试点工程。到2010年，建成1000个屋顶光伏发电项目，总容量达50MWp。到2020年，建成2万个屋顶光伏发电项目，总容量达100万kW。

3）建设较大规模的太阳能光伏电站和太阳能热电站。“十一五”期间，在甘肃敦煌和西藏拉萨（或阿里）建设大型并网太阳能光伏发电示范项目；在内蒙古、甘肃、新疆等地选择荒漠、戈壁、荒滩等空闲土地，建设太阳能热发电示范项目。到2010年，建成大型并网光伏电站总容量20MWp、太阳能热发电总容量5万kW。到2020年，实现太阳能光伏电站总容量200MWp，太阳能热发电总容量20万kW。

另外，光伏发电在通信、气象、长距离管线、铁路、公路等领域有良好的应用前景，预计到2010年，这些商业领域的光伏应用将累计达到30MWp，到2020年将达到100MWp。

（2）太阳能热利用

在城市推广普及太阳能一体化建筑、太阳能集中供热水工程，并建设太阳能供暖和制冷示范工程。在农村和小城镇推广户用太阳能热水器、太阳房和太阳灶。到2010年，全国太阳能热水器总集热面积将达 1.5 亿 m^2，加上其他太阳能热利用，年替代能源量达到 3000 万吨标准煤。到 2020 年，全国太阳能热水器总集热面积将达到近 3 亿 m^2，加上其他太阳能热利用，年替代能源量达到 6000 万吨标准煤。

3. 现行的光伏发电补贴政策

2009 年 3 月，财政部、住房和城乡建设部公布了《关于加快推进太阳能光电建筑应用的实施意见》（以下简称《实施意见》）及《太阳能光电建筑应用财政补助资金管理暂行办法》，支持开展光电建筑应用示范工程，实施“太阳能屋顶计划”，对城市光伏建筑一体化应用、农村及偏远地区光电利用等给予定额补助。2009 年补助标准原则上定为 20 元/Wp，单项工程应用太阳能光电产品装机容量应不小于 50kWp。《实施意见》中指出为缓解光电产品国内应用不足的问题，将以示范工程的方式，实施“太阳能屋顶计划”，加快光电在城乡建设领域的推广应用。并对“太阳能屋顶计划”及光电示范工程项目予以财政扶持以及建设领域的政策支持。

2009 年 7 月，财政部、科技部及国家能源局发布了关于实施金太阳示范工程的通知，并公布了《金太阳示范工程财政补助资金管理暂行办法》。中央财政将从可再生能源专项资金中安排一定额度，支持光伏发电技术在各类领域的示范应用及关键技术产业化。该暂行办法规定，对并网光伏发电项目，将原则上按光伏发电系统及其配套输配电工程总投资的 50%给予补助；其中偏远无电地区的独立光伏发电系统按总投资的 70%给予补助；对于光伏发电关键技术产业化和基础能力建设项目，主要通过贴息和补助的方式给予支持。

单个光伏发电项目装机容量不低于 300kWp，建设周期原则上不超过 1 年，运行期不少于 20 年的，属于国家财政补助的项目范围。

另外，该暂行办法还规定，并网光伏发电项目的业主单位总资产应不少于 1 亿元，项目资本金不低于总投资的 30%。独立光伏发电项目的业主单位，应具有保障项目长期运行的能力。

除对具体的发电工程实行补助之外，光伏发电关键技术产业化示范项目以及标准制定，也被列入补贴的范畴之内。其中就包括了硅材料提纯、逆变控制器、并网运行等关键技术产业化项目，以及太阳能资源评价、光伏发电产品及并网技术标准、规范制定和检测认证体系建设等。

2009 年 8 月 31 日前，有关项目将上报财政部、科技部、国家能源局，原则上每省（含计划单列市）示范工程总规模不超过 20MWp。

金太阳工程是继在同年 3 月出台的对光电建筑每瓦补贴 20 元政策之后的又一重大财政政策，将适时地推动光伏发电项目的发展。

附录 1　中国各地太阳辐射数据

中国 98 个城市 1996～1998 年平均太阳月辐射强度

编号	站台名称	经度 (°)	纬度 (°)	1月 (MJ/m^2)	2月 (MJ/m^2)	3月 (MJ/m^2)	4月 (MJ/m^2)	5月 (MJ/m^2)	6月 (MJ/m^2)	7月 (MJ/m^2)	8月 (MJ/m^2)	9月 (MJ/m^2)	10月 (MJ/m^2)	11月 (MJ/m^2)	12月 (MJ/m^2)
1	北京	116.28	39.48	245.28	328.26	437.05	516.46	631.30	547.02	519.21	485.42	433.29	361.14	216.03	207.40
2	天津	117.04	39.05	211.00	272.48	381.39	474.82	624.48	501.43	369.16	424.33	391.73	312.33	209.06	179.37
3	乐亭	118.53	39.26	263.31	327.06	473.18	549.37	655.87	583.77	553.89	511.43	469.95	375.24	243.90	210.48
4	太原	112.23	37.47	245.91	325.44	392.50	513.79	635.77	591.47	565.73	514.19	438.94	353.97	235.33	214.75
5	海拉尔	119.45	49.13	186.58	262.68	450.78	512.08	634.95	634.53	581.69	487.30	441.08	279.16	191.74	144.43
6	额济纳	101.04	41.57	290.23	367.64	525.49	658.99	819.53	790.93	750.93	695.64	607.41	467.14	306.05	251.86
7	二连浩特	111.58	43.39	284.30	350.83	557.97	665.87	748.53	769.72	718.15	645.83	567.83	432.18	288.87	240.05
8	沈阳	123.27	41.44	217.18	292.97	449.44	501.34	558.26	525.32	512.14	476.95	449.10	348.73	226.73	194.37
9	长春	125.13	43.54	227.62	296.88	455.44	527.43	587.48	633.96	545.00	472.10	439.09	314.24	237.09	205.49
10	漠河	122.31	52.58	151.53	276.28	473.39	538.63	537.05	591.09	619.46	563.65	409.00	269.31	169.91	96.79
11	黑河	127.27	50.15	157.36	257.95	429.07	491.21	559.52	594.36	586.59	450.43	389.69	239.35	175.44	125.05
12	哈尔滨	126.46	45.45	180.42	267.61	456.61	545.89	633.44	665.88	625.53	505.50	466.26	294.30	193.99	145.37
13	上海	121.29	31.24	218.62	296.40	290.59	464.81	520.90	434.37	532.36	527.84	485.31	363.72	247.31	223.32
14	南京	118.48	32.00	213.28	262.24	288.77	443.26	493.13	447.88	495.24	507.77	453.24	356.73	238.61	216.71
15	杭州	120.10	30.14	207.19	237.53	246.62	400.98	474.90	408.25	512.91	495.95	400.28	326.94	231.22	195.88
16	合肥	117.14	31.52	204.40	245.96	285.36	438.82	493.43	468.83	482.40	487.04	426.25	350.66	229.81	209.88

续表

编号	站台名称	经度（°）	纬度（°）	1月（MJ/m^2）	2月（MJ/m^2）	3月（MJ/m^2）	4月（MJ/m^2）	5月（MJ/m^2）	6月（MJ/m^2）	7月（MJ/m^2）	8月（MJ/m^2）	9月（MJ/m^2）	10月（MJ/m^2）	11月（MJ/m^2）	12月（MJ/m^2）
17	福州	119.17	26.05	222.63	235.84	283.48	388.26	422.33	476.25	583.52	619.53	460.53	357.85	267.86	244.83
18	南昌	115.55	28.36	182.21	247.71	229.98	388.07	472.29	403.63	531.13	544.50	458.93	397.06	255.03	221.27
19	烟台	121.15	37.30	250.84	323.98	457.56	560.33	632.39	589.11	544.09	529.63	482.68	379.77	246.95	230.48
20	济南	116.59	36.41	230.54	290.71	395.39	485.95	597.37	603.52	509.65	492.79	447.92	349.58	210.66	179.62
21	郑州	113.39	34.43	221.34	297.02	345.18	435.80	532.43	541.67	497.45	489.11	399.89	344.59	213.41	210.76
22	武汉	114.08	30.37	191.69	256.18	260.58	418.38	467.85	463.40	459.77	530.39	426.75	347.18	221.36	203.84
23	长沙	112.55	28.13	149.48	209.64	206.03	358.21	458.30	393.64	514.67	575.74	408.43	351.63	211.11	193.43
24	广州	113.20	23.10	261.61	202.68	259.00	299.94	370.77	366.63	449.91	424.46	397.38	415.30	337.37	287.85
25	汕头	116.41	23.24	332.88	271.87	363.24	434.27	478.88	490.20	572.30	537.09	495.69	472.12	399.61	338.01
26	桂林	110.18	25.19	166.74	215.01	214.73	3545.08	386.96	3559.83	421.62	535.91	494.52	398.02	283.22	217.39
27	南宁	108.21	22.49	172.53	223.30	237.41	345.10	452.15	411.22	446.08	498.06	455.58	445.01	309.40	227.63
28	海口	110.21	20.02	271.39	230.04	427.75	422.65	535.56	575.60	597.76	575.43	411.44	447.41	335.40	247.68
29	三亚	109.31	18.14	453.03	346.52	540.53	539.35	620.76	570.26	603.89	632.91	443.46	525.14	426.46	417.90
30	重庆	106.28	29.35	106.52	139.47	223.11	359.43	348.71	355.91	450.93	508.99	329.80	192.22	123.88	86.23
31	成都	104.01	30.40	129.90	142.09	216.24	349.34	357.78	396.41	382.96	444.42	283.36	181.56	139.30	97.63
32	贵阳	106.43	26.35	154.47	175.81	248.58	350.84	394.54	366.99	422.79	536.43	434.31	307.43	209.61	173.59
33	昆明	102.41	25.01	461.10	455.88	599.23	621.07	657.42	444.35	337.99	482.50	431.48	403.09	374.99	369.60
34	景洪	100.47	22.00	420.17	443.01	507.09	537.60	578.20	481.20	381.69	467.49	475.00	473.74	372.12	359.27
35	噶尔狮泉	80.05	32.30	482.81	566.04	724.08	814.59	906.58	872.17	874.62	763.61	683.88	612.02	494.38	425.78
36	拉萨	91.08	29.40	485.27	517.40	605.50	715.79	828.90	798.79	756.51	707.50	624.97	604.39	503.20	465.69
37	昌都	97.10	31.09	368.09	395.75	491.82	562.54	592.50	563.42	599.40	575.35	525.38	449.41	394.74	376.21

续表

编号	站台名称	经度 (°)	纬度 (°)	1月 (MJ/m²)	2月 (MJ/m²)	3月 (MJ/m²)	4月 (MJ/m²)	5月 (MJ/m²)	6月 (MJ/m²)	7月 (MJ/m²)	8月 (MJ/m²)	9月 (MJ/m²)	10月 (MJ/m²)	11月 (MJ/m²)	12月 (MJ/m²)
38	西安	108.56	34.18	207.37	246.31	318.15	415.37	495.57	547.71	531.06	506.77	377.65	291.50	197.26	185.86
39	墩煌	94.41	40.09	291.32	363.53	504.75	653.05	768.00	3860.92	733.71	674.73	590.43	472.32	318.62	259.25
40	兰州	103.53	36.03	241.64	314.18	413.27	504.58	590.25	636.66	568.44	541.76	459.02	357.13	242.30	211.64
41	格木尔	94.54	36.25	351.82	423.66	558.62	713.44	767.54	788.68	735.94	720.99	612.65	509.85	380.14	316.42
42	西宁	101.45	36.43	311.06	367.35	473.36	585.26	643.70	658.82	626.82	561.93	474.67	411.58	313.06	280.24
43	银川	106.13	38.29	294.82	344.23	449.41	572.17	693.85	718.47	655.67	600.15	514.39	433.83	297.43	261.89
44	阿勒泰	88.05	47.44	178.46	267.18	431.99	564.13	721.70	771.81	745.05	638.10	479.51	323.29	161.43	135.25
45	塔城	83.00	46.44	203.64	290.17	445.59	553.62	693.53	769.82	770.90	670.65	510.87	334.16	186.40	151.56
46	伊宁	81.20	43.57	198.58	269.51	364.65	509.54	592.42	695.60	730.71	643.59	499.71	374.45	212.39	166.98
47	乌鲁木齐	87.37	43.47	145.17	210.26	325.88	515.55	647.55	679.98	626.11	613.38	492.42	342.21	156.61	125.14
48	喀什	75.59	39.28	244.95	281.93	396.98	496.98	638.47	694.80	763.46	645.67	477.16	398.87	263.64	209.31
49	和田	76.56	37.08	285.69	365.47	465.35	579.21	665.55	677.34	721.97	612.48	536.70	488.91	335.91	273.55
50	和密	93.31	42.49	257.22	342.24	490.62	633.32	799.69	783.16	750.56	656.63	568.28	418.15	266.59	211.93
51	大同	113.20	40.06	217.70	292.29	423.21	507.73	619.29	598.16	568.04	529.98	467.49	370.60	249.52	198.39
52	侯马	111.22	35.39	239.43	303.72	376.67	502.38	579.38	584.61	556.57	530.66	418.74	332.04	219.79	208.47
53	索伦	121.13	46.36	194.30	283.45	473.73	521.56	637.99	580.47	590.34	535.06	492.22	347.41	217.76	167.98
54	海流图	108.31	41.34	282.36	343.00	518.11	649.74	748.10	749.71	692.91	649.08	541.70	446.73	297.37	241.28
55	东胜	109.59	39.50	301.67	350.71	466.84	590.33	715.84	689.33	641.44	601.82	535.09	449.91	296.62	259.41
56	锡林浩特	116.04	43.57	240.18	316.05	493.98	568.66	683.35	673.14	615.68	548.75	518.10	386.90	240.65	203.94
57	通辽	122.16	43.36	242.38	316.58	498.86	566.14	642.79	659.54	600.64	543.05	500.60	375.14	240.56	205.67
58	朝阳	120.27	41.33	245.89	308.22	483.33	574.59	641.32	627.61	592.59	533.71	482.78	378.66	242.75	203.39

续表

编号	站台名称	经度（°）	纬度（°）	1月（MJ/m²）	2月（MJ/m²）	3月（MJ/m²）	4月（MJ/m²）	5月（MJ/m²）	6月（MJ/m²）	7月（MJ/m²）	8月（MJ/m²）	9月（MJ/m²）	10月（MJ/m²）	11月（MJ/m²）	12月（MJ/m²）
59	大连	121.38	38.54	265.27	333.05	492.19	597.33	664.16	654.28	591.51	543.22	494.00	353.66	202.36	187.04
60	延吉	129.28	42.53	222.23	276.66	429.51	480.21	553.82	552.23	559.33	500.40	460.50	333.34	216.32	186.77
61	富裕	124.29	47.48	219.10	305.03	464.52	544.97	650.43	675.38	634.89	537.76	509.56	337.73	235.09	176.34
62	佳木斯	130.17	46.49	171.11	253.40	490.15	619.20	725.70	681.35	643.59	503.06	509.01	331.35	227.46	149.93
63	清江	119.02	33.36	248.23	322.51	361.80	480.66	568.89	523.86	5C7.39	509.58	458.02	379.84	261.75	234.63
64	吕泗	121.36	32.04	249.67	323.36	337.20	497.29	548.52	462.26	561.26	553.96	509.09	396.31	264.09	242.37
65	洪家	121.25	28.37	243.58	269.45	299.07	449.13	503.50	447.75	535.23	583.01	445.96	394.91	285.58	262.26
66	屯溪	118.17	29.43	195.25	237.96	243.89	3586.57	471.56	410.10	491.05	531.91	461.27	373.44	242.12	217.31
67	建瓯	118.19	27.03	301.48	339.24	406.34	545.65	646.05	3728.11	731.03	617.11	540.81	466.21	366.80	315.96
68	赣州	114.57	25.51	198.79	226.16	259.63	406.75	470.93	488.29	606.58	580.96	475.02	427.26	310.00	244.20
69	莒县	118.50	35.35	244.67	305.61	432.57	528.80	640.50	581.89	540.95	525.04	472.04	371.08	237.62	224.23
70	南阳	112.35	33.02	203.12	275.22	301.71	434.30	495.32	526.24	523.41	507.20	413.57	362.14	223.53	208.54
71	固始	115.40	32.10	218.84	266.39	296.02	462.88	518.57	538.58	522.10	501.21	426.97	350.42	226.42	216.64
72	宜昌	111.18	30.42	137.59	187.83	187.48	369.14	442.85	448.88	458.41	510.82	371.97	272.83	178.68	150.79
73	吉首	109.44	28.19	131.35	154.29	172.71	310.99	385.12	365.43	395.59	514.96	381.16	287.04	179.91	160.01
74	常宁	112.24	26.25	151.10	189.66	208.35	367.79	456.45	458.57	563.21	572.80	418.77	354.92	223.00	201.81
75	北海	109.08	21.27	266.60	248.66	360.53	421.21	532.56	513.26	558.17	574.30	449.01	538.54	394.55	300.95
76	西沙	112.20	16.50	535.12	660.38	690.99	618.02	673.57	702.42	732.35	620.28	505.96	562.59	460.47	432.84
77	甘孜	100.00	31.37	399.52	363.53	579.14	678.67	695.50	669.01	636.89	642.86	547.32	478.10	429.09	407.52
78	红原	102.33	32.48	403.04	418.14	518.31	608.38	588.73	563.81	553.26	599.55	457.34	386.27	403.66	397.30
79	绵阳	104.45	31.27	153.18	164.29	244.11	374.74	408.01	418.76	436.49	459.59	313.41	217.82	159.52	121.84

续表

编号	站台名称	经度(°)	纬度(°)	1月(MJ/m²)	2月(MJ/m²)	3月(MJ/m²)	4月(MJ/m²)	5月(MJ/m²)	6月(MJ/m²)	7月(MJ/m²)	8月(MJ/m²)	9月(MJ/m²)	10月(MJ/m²)	11月(MJ/m²)	12月(MJ/m²)
80	峨嵋山	103.20	29.31	382.61	351.47	497.07	491.26	463.60	436.21	405.08	444.54	381.43	305.02	333.87	340.77
81	攀枝花	101.43	26.35	413.72	458.69	557.31	624.14	661.39	534.79	463.73	546.08	461.74	452.31	370.53	337.62
82	泸州	105.26	28.53	106.23	132.99	242.93	360.76	358.99	339.08	432.20	501.93	341.43	205.38	147.02	84.95
83	丽江	100.13	26.52	468.94	488.37	575.12	665.65	648.03	539.24	485.18	528.13	449.86	506.55	446.15	455.75
84	腾冲	198.30	2.50	451.20	415.54	489.41	553.01	542.64	415.40	364.30	457.01	449.76	502.62	448.23	432.45
85	蒙自	103.23	23.23	406.63	426.86	530.54	545.81	579.65	448.24	393.80	476.58	467.31	440.15	377.19	337.10
86	那曲	92.04	31.29	448.95	482.51	553.83	683.73	738.39	694.70	700.89	690.55	580.15	564.20	503.40	444.73
87	延安	109.30	36.36	235.16	285.08	364.47	501.12	602.00	600.03	538.17	522.69	438.84	379.23	254.01	225.52
88	安康	109.02	32.43	184.58	236.70	293.21	422.18	473.83	558.10	638.40	592.68	442.89	324.74	230.50	190.13
89	酒泉	98.29	39.46	267.71	339.80	473.25	594.75	729.42	729.30	687.80	628.81	568.67	448.77	296.52	246.08
90	民勤	103.05	38.38	333.85	388.26	501.89	619.32	743.33	749.45	686.42	637.57	553.50	474.28	334.33	298.00
91	刚察	100.08	37.20	380.43	439.07	592.61	697.63	705.71	693.00	695.00	638.73	558.01	510.32	407.17	354.44
92	玉树	97.01	33.01	347.97	388.56	536.89	633.62	653.73	651.48	683.40	640.21	524.87	435.13	389.02	326.94
93	果洛	100.15	34.28	400.31	437.88	580.60	665.32	655.88	650.35	607.54	625.64	526.62	463.96	412.64	372.89
94	固原	106.16	36.00	341.61	345.01	451.18	551.85	636.67	679.56	614.72	562.70	488.95	423.33	322.24	316.64
95	焉耆	86.34	42.05	233.33	301.26	427.55	576.75	689.38	618.79	724.02	591.43	508.37	383.95	251.63	183.55
96	吐鲁番	89.12	42.56	210.18	307.79	450.05	590.95	739.42	751.09	739.18	642.22	527.62	376.58	224.19	163.07
97	阿克苏	80.14	41.10	255.50	319.07	421.29	578.74	655.51	683.54	737.29	636.02	481.72	414.11	271.91	213.35
98	若羌	88.10	39.02	273.70	357.76	483.17	606.14	735.23	717.20	722.34	688.77	564.25	477.12	313.18	243.43

附录2　电线尺寸估算表

绝缘导线（铝芯/铜芯）安全载流量对照表

导线截面面积（mm^2）	1	1.5	2.5	4	6	10	16	25	35	50	70	95	120
铝芯导线载流量（A）	9	14	23	32	48	60	90	100	123	150	210	238	300
铜芯导线载流量（A）	17	21	28	35	48	65	91	120	147	187	230	282	
铝芯导线载流量是截面面积的倍数	9	9	9	8	7	6	5	4	3.5	3	3	2.5	2.5

下面介绍绝缘导线（铝芯/铜芯）载流量的估算方法。

估算口诀：二点五下乘以九，往上减一顺号走。三十五乘三点五，双双成组减点五。条件有变加折算，高温九折铜升级。

口诀说明："二点五下乘以九，往上减一顺号走"是指导线截面面积为2.5mm^2及以下的各种铝芯绝缘线，其载流量约为截面面积的9倍。如2.5mm^2导线，载流量为2.5×9＝22.5A；导线截面面积为4mm^2及以上且25mm^2及以下的导线的载流量和其截面面积的倍数关系是随着线号的增大，倍数逐次减1，即各自的导线载流量为：4×8、6×7、10×6、16×5、25×4（截面面积×倍数）。"三十五乘三点五，双双成组减点五"是指截面面积为35mm^2的导线载流量为截面数的3.5倍，即其载流量为35×3.5＝122.5A；截面面积为50mm^2及以上的导线，其载流量与截面面积之间的倍数关系变为两个线号成一组，倍数依次减0.5，即截面面积为50mm^2、70mm^2导线的载流量为截面面积的3倍；截面面积为95mm^2、120mm^2导线载流量是其截面面积的2.5倍，依次类推。"条件有变加折算，高温九折铜升级"是指由于前两句口诀是根据铝芯绝缘线明敷在环境温度为25℃的条件下而定的。若铝芯绝缘线明敷在环境温度长期高于25℃的地点，其导线载流量可按照上述口诀计算方法算出的数值乘以90%得到。铜芯绝缘线的载流量要比同规格的铝线略大一些，可按上述口诀方法计算，但是要取比实际截面面积加大一个线号的载流量，如截面面积为16mm^2铜线的载流量，可按照截面面积为25mm^2的铝线的载流量计算。

附录 3　光伏建筑第三者保险条款实例

可再生能源系统在连接电网之前，必须得到供电商的许可，并签订供应协议（用于连接客户的光伏系统至公司的供电系统），另外供电商会要求承办商购买第三者保险，当发生危害公众的意外时用于赔偿，保障双方的利益。

在保险期内的身体伤亡（不包括疾病引起的）及物财产损失（不包括饮品、食物、维修材料的消耗），除了投保人及其家人以外，由公司主管或员工（协议内列明的）或是由系统机件的缺陷产生意外造成的人命伤亡和财产损失，经香港法院判决后，投保人将会得到不超过最大保障总额的赔偿。然而，不属于意外伤亡的情况，包括有关投保人在设计、建议或处理上的错漏，将不获任何赔偿。

此保险在下列情况造成的人命伤亡和财产损失将不会作出赔偿，包括：

（1）由火警、爆炸、动物、交通工具、升降机、起重机等造成的；

（2）由二判承办商、替工或代表造成的；

（3）由振动造成的，或是移除、减弱或干扰地基的支撑造成的；

（4）买卖、供应、服务、运作、检查、维修、测试的费用；

（5）伤亡者是投保人的雇员；

（6）该财产由投保人拥有或管理；

（7）由战争、暴动、恐怖袭击造成的；

（8）罚款。

附录 4　光伏建筑一体化常用中英术语对照

A

Absorber　吸热板，吸收器，吸光［热］材料，吸光［热］物质
Absorber-piping assembly　吸热［光］管道装置，吸热［光］管道系统
Absorption refrigerator　吸收式制冷装置，吸收式冰箱
Absorption coefficient　吸收系数
Absorption edge　吸收限
Absorptivity　吸收能力［性，系数］
Active layer　有源层，活性层
Adjustable shutter　可调节的挡板，可调整的光闸
Aesthetic function　审美功能，美学
Aerosols　大气微粒，悬浮微粒
Air collector　气瓶，气柜，集气器
Air-conditioning systems　空调系统
Air humidity　空气湿度
Air Mass（AM）　大气质量
Air temperature　气温
Air-conditioning by evaporation　蒸发空调
Air-conditioning by solar energy　太阳能空调
Alternative energy　可替代能源
Alternative Current（AC）　交流电（流）
Altitude　地平纬度，高度，海拔
Aluminum alloy　铝合金
Amorphous　非晶体
Amorphous silicon　非晶硅
Amorphous silicon cell　非晶硅太阳能电池
Ampere（A）　安（培）
Ampere-hour（Ah）　安（培小）时
Analytic Hierarchy Process　（AHP）分析系统过程
Angstrom　埃 Å（长度单位，1Å$=10^{-10}$m）
Annealing　退火（过程），热处理
Anti-freeze　防冻，抗冻（剂），抗凝聚（剂）
Anti-reflection coating　防反射镀膜（层），抗［减］反射涂层
Architectural integration　建筑学的结合［组合，集成，并合，联合］

Architectural functions　建筑（结构）功能，建筑操作（作用）

Architectural incorporation of collectors　吸［受］光板的建筑结合［并合］，太阳能板与建筑结合

Architectural integration　与建筑结合，建筑一体化

Array　阵列，光伏阵列

Array installation　阵列安装，太阳能板安装，太阳能电池［光伏］板安装

Array size　阵列大小

Array wiring　阵列布线［接线］，太阳能电池［光伏］板布线［接线］

Atmospheric mass　空气质量，大气质量

Atmospheric phenomena　大气现象

Atmospheric state　大气状态［状况，性能］

Atrium　天井，门廊，前庭（厅）

Auger coefficient　俄歇系数

Autonomous system　自控系统，自主系统

Average year　平均年

Awnings　遮盖，遮光，遮阳，遮蓬

Azimuth　方位（角），（地）平经（度）

B

Back Surface Field（BSF）　背面（电）场

Back-up generator　备用发电机（发动机）

Balance Of System（BOS）　系统平衡（考虑），系统成本平衡考虑

Band（-）tails　（能）带尾

Bank（-）gap　（能）带隙，禁带

Batten　板条

Batten seam　板条接合［接口］

Battery　蓄电池，电池（组）

Battery capacity　蓄电池容量

Battery charge regulator　蓄电池充电调节器

Battery voltage　蓄电池电压

Beam solar radiation　太阳直射辐射

Black body radiation　黑体辐射

Black cell　“黑色”太阳能电池

Blocking diode　切断二极管，截止二极管

Boltzmann constant　波耳兹曼常数

Boundary　边界，界线，边缘

Breast wall　下侧墙，窗下墙

Brillouin zone　（半导体）布里渊区（域）

Buffer layer　缓冲层

Buffer zones　缓冲区（域）

Building envelop　建筑（物）外壳，房屋外层
Building integration　建筑物结合［合成，并合］，建筑一体化
Building orientation　建筑物朝向［取向］
Building thermal exchange　建筑物热量交换
Buried contact cell　埋藏金属接触型（太阳能）电池，隐埋金属接触型（太阳能）电池
By-pass diode　旁路二极管
C
Cable　电线，电缆
Campbell-Stokes sunshine recorder　坎贝尔-斯托克斯日照［日光］记录器［装置，仪器］
Campbell-Stokes sunshine indicator　坎贝尔-斯托克斯日照［日光］指示器［显示器］
Capability　性能，（实际）能力，容量，接受力
CdS buffer layer　硫化镉缓冲层
CdTe solar cell　缔化镉太阳能电池
Cell　（太阳能）电池
Cell structure　（太阳能）电池结构
Charge equalizer　充电均衡器［补偿器，平衡装置］
Charge controller　充电控制器［调节器］
Charge regulator　充电调节器［调整器，稳定器］
Charge rate　充电率
Charging of batteries　蓄电池充电
Chimney effect　烟筒［烟窗］效应
Circulation pump　循环抽水机，循环水泵
Circuit breaker　断路器，电路保护［制动］器
Cladding　包层，贴面
Clock time　时钟时间
Collecting roof　收（受）光（屋）顶层（盖）
Collecting wall　收（受）光（屋）墙
Collector plate　太阳能板，光伏［太阳能电池］板
Collector performance　太阳能板性能［特性］
Collector efficiency　太阳能板效率
Collector losses　太阳能板损失［热损耗］
Collector operation　太阳能板操作［控制，管理］
Collector temperatures　太阳能板温度
Coefficient of performance　性能［特性］系数
Comfort level　舒适楼层［级别］
Commissioning　验收，试运行，投产；开工，启动
Component function check　元［部］件功能［作用］检验［校核，核对］
Concave spherical reflector　凹面球状反射器［镜，板］

Concentrating collector systems　聚光型太阳能板系统
Concentrating Solar Power（CSP）聚光太阳能发电
Concentrating solar technology　聚光太阳能技术
Concentrator cell　聚光型太阳能电池
Concentrating flat mirrors　聚光型平面镜
Concentration advantages　聚光优点
Concentration drawbacks　聚光缺点
Concentration factor　聚光系数，聚光因子
Concentrator of Fresnel lens　菲涅耳透镜聚光器
Condenser　冷凝［冷却］器，制冷装置
Conduction　传导，导电［热］
Configuration diagram　结构（外形）图
Contact　（金属电极）接触［连接］
Contact passivation　（金属电极）接触钝化（作用）
Contact recombination　（金属电极）接触复合
Contact resistance　接触电阻
Continuity equation　连续（性）方程
Continuous commissioning　（设备）连续调试
Convection losses　（热）对流损失［损耗］
Convector　对流（放热）器，环［对］流机，供暖散热器
Copper　铜
Cost-effective　经济效益，成本效果
Cost-effectiveness　经济效益，成本效果
Cost of PV　光伏（系统）成本
Courtyard's function　庭院功能
Coupling　联结，接合，耦合
Critical point　临界点
Crystalline solar cell　晶体太阳能电池
Crystal structure　晶体结构
Cu（In，Ga）Se_2（CIGS）solar cell　铜铟镓硒（CIGS）太阳能电池
Curtain wall　幕墙，隔板墙
Cycle life　工作寿命
Cylindrical parabolic concentrator　抛物柱面聚光器

D

DC power conditioning　直流功率调节［调制］
DC/DC converter　直流/直流转［变］换器
Deep discharge　深放电
Depth of Discharge（DOD）放电深度
Declination　偏角，倾斜（角），方位角

Density　密（浓）度
Design concept　设计概念
Design consideration　设计考虑
Designers　设计师，设计者
Design for sustainability　可持续（建筑）设计
Design process responsibility　设计过程的责任［职责，任务］
Determination of collector area　太阳能板面积的确定［决定］
Device　器件，装置，设备，部件
Diffuse radiation　散射辐射
Diffusion coefficient　扩散系数
Diffusion length　扩散长度
Direct Current（DC）　直流（电流）
Direct solar radiation　太阳直接辐射
Direct use system　直接使用系统
DC to DC converter　直流对直流转［变］换器
Discharge rate　放电率
Discharging of batteries　蓄电池放电
Dislocation　位错，错位，晶格位移
Domestic hot water　家用［民用］热水，生活用热水
Domestic hot water demand　生活用［家用，民用］热水需求［量］
Domestic hot water production　生活用［家用，民用］热水生产
Double glazing　双层玻璃（装配）
Driving load　驱动负载

E

Edge junction isolation　（p-n）结边缘［末端］隔离［绝缘］
Effective mass　有效质量
Electrical grid　电网，电极（条，栅格）
Electric yield　发电量，产电率
Electrolyte　电解（溶）液，电解［离］质
Electromagnetic Interference（EMI）　电磁场干扰［干涉，扰乱］
Electron　电子
Electronics　电子学，电子仪器
Electron affinity　电子亲和［化合，亲合］力
Electron-hole pairs　电子-空穴对
Electronic charge　电子电荷（量）
Effective temperature　有效温度
Efficiency　效率，效力，功率
Electronics　电子学，电子设备（仪器，线路，工程）
Elegant building　优雅精美的建筑（物）

Emissivity　发［辐］射率，发［辐］射系数
Energy conservation　节能
Energy balance　能量平衡，能量配重
Energy density　能量密度
Energy efficiency　能量效率
Energy output　能量输出（量），能量生产［产量］
Environment of buildings　建筑（物）环境［周围情况］
Equinoxes　春［秋］分，昼夜平分时［点］
Evaporation　蒸发（过程，作用）
Excessive photon energy　多余［过剩，过量］光子能量
Exciton　激子，激发电子-空穴对
Experience　体验，经历，试验，经验
Exposure　曝光，照射，辐照
Extinction coefficient　消光［声］系数，（光随深度的）衰减系数

F

Feed-in-tariff　上网电价，保护性分类电价制度
Fermi level　费米能级
Fill Factor（FF）　填充因子
Financing issue　资金［财政］问题
Flashing　闪光［烁］，发火花，光源不稳
Flat plate collector　平板太阳能集热器
Float charge　浮式充电
Float life　浮动时间
Free carrier absorption　自由载流子吸收
Focus line　焦线
Focus point　焦点
Fresnel lens concentrator　菲涅耳透镜聚光器［系统，装置］
Functions　功能，作用，操作
Functions of a solar collector　太阳能板的功能［作用］
Fuses　保险丝，熔丝

G

Gassing　放气，充气，排气，出气
Gassing current　离子（气体）电流
Gel-type battery　凝胶型蓄电池
Generator　发电机，发动机
Geometric factor　几何因子
Germanium　锗（Ge）
Gettering　吸气（剂），消气（器）
Gigawatt　吉瓦，千兆瓦，十亿瓦

Glazing （装配）玻璃
Glass curtain wall 玻璃幕墙
Grain boundary 晶（粒边）界，颗粒间界
Grashof number 格拉肖夫数
Green building design 绿色建筑设计
Grid 格子，栅条，电网
Grid-connected PV System 联网光伏系统，并网连接光伏系统
Grid-connected inverter 联网型逆变器，并网型逆变器
Grid-connected system 联网系统，电网连接系统
Grid-interactive PV System 联网［电网］相互作用［配合，影响］的光伏系统
Greenhouse effect 温室效应
Grounding 接地，地线

H

Habitable volume 日常工作量
Heat absorber 吸热体，吸热材料［物质］
Heat exchange surfaces 热交换（表）面
Heat flux 热流，热通量
Heat losses 热损失［损耗］
Heat conduction 热传导，导热
Heat convection 热对流
Heat radiation 热辐射
Heat propagation 热传导，热扩散
Heat pump 热泵
Heat transfer 传热，热转移［转换，传输］
Heat transfer coefficient 热传输［转换，转移］系数
Heat transfer fluids 传热流体，热传输流［气，液］体
Heat transfer systems 传热系统，热传输系统
Heating of buildings 建筑物供暖
Heavy doping 重杂质扩散
Heavy masonry wall 大型砖石建筑墙壁
Height 高度
Heliograph 日照计，日光（反射）仪，日光反射信号器
High-efficiency 高效率
Hole 空穴，孔，洞
Horizontal plane 水平面
Horizontal surface 水平表面
Hour angle 小时角（时角）
Humidity 湿度，湿气，潮湿
Hybrid solar-wind power system 风光互补（混合）发电系统

Hybrid power system　混合发电系统
Hydrogen　氢气（H）

I

Ilumination　照明，照 射，光 照
Implanted defect layer　离子注入引起的缺陷层
Impurity photovoltaic effect　杂质光伏效应
In parallel　并联
In series　串联
Incident radiation　入射辐射
Incidental gains　杂粒（子），寄生粒子
Inclination angle　倾角
Inclined surface　斜面
Indium　铟
Infrared glass　红外线玻璃
Influence of surroundings　环境［周围，四周］的影响
Ingress Protection（IP）　预防入侵，防止侵入［流入］保护（装置）
Input ripple　输入脉动
Insolation　日照
Insolation data　日照数据［资料］
Insolation fraction　日照百分数［部分，分数］
Inspection　观察，检测，调查研究
Installers　安装者［工］
Installation guideline　安装［装配］指南
Insulation　绝缘（体），隔离（层）
Integral mounting　集成［总体］安装［装配］
Intensification techniques　增强［强化］技术（措施）
Interface states　（半导体）界面态
Intragranular density　晶体内的［颗粒内的］密度
Intrinsic carrier concentration　本征载流子浓度
Inverter　逆变器
Irradiance　辐照（率，强度），辐射（通量密）度
Islanding　（设立）安全岛［区］
I-V curve　电流-电压［I－V］特性曲线

J

Join　连接，焊接，加入
Joining　连接，结合，并到一起
Joint　接［结］合，连接，组件
Joint-chair　接座，接合座板
Jointer　接合器［物］，连接［接线］器

Junction（p-n junction）（半导体）结（p-n 结）
Junction box 接线盒，套管
K
Kilowatt-hour（kWh） 千瓦小时
Kinetics 动力［运动］学
Kit 一套工具，配套元件
Knob 节，按钮
Knot 结，结点，节
Know how 专门知识［技能］，生产经验，能够
Krypton［Kr］ 氪灯
L
Laminate 分层，叠层，薄片［板］
Laminar flow 层流
Laser grooving 激光刻槽（技术）
Latitude 纬度，纬度线［角］
Lattice absorption 晶格吸收
Lattice constant 晶格常数
Lead-acid battery 铅酸蓄电池
Legal problems 合法（性）问题
Liability 责任，义务
Lifetime 寿命，使用寿命，使用期（限）
Light trapping 光陷阱（作用），光收集器
Lightning protection 避雷（电），预防闪电，预防雷电（击中）
Lithium 锂（Li）
Load 负载
Load analysis 负载分析
Load management 负载处理［管理，控制，支配］
Load profile 负载分布［轮廓］
Local geography 局部布局［配置］
Local solar time 局部［本地］太阳时间
Log-sheet 记录卡片，记录日志（表）
Longitude 经度［线］
M
Maintenance of battery 蓄电池维护［保养，维修］
Maintenance of log-sheets 维护［保养，维修］记录卡片，记录日志（表）
Maintenance of PCU 电力调节系统 维护［保养，维修］
Maintenance of PV array 光伏板维护［保养，维修］
Maximum Power Point（MPP） 最大功率点
Maximum Power Point Tracker（MPPT） 最大功率点跟踪［器］

Matching DC/DC Converter（MC） 直流/直流匹配变换器
Metal-silicon contact 金属-硅接触
Material of photovoltaics 光伏材料
Mathematical modelling 数学建模
Megawatt 兆瓦（MW）
Meteorological data 气象数据［资料］
Meteorological network 气象网
Microclimate 小（环境）气候
Microgrooving 微型刻槽（技术）
Minority carrier 少数载流子
Mismatch 失配［调］，错配
Mobility 迁移率，可移动性
Module 组件（片，板）
Modularity 模块性
Module integrated converter 组件集成变换器
Module specifications 组件［太阳能板］技术说明［要求］
Molybdenum 钼（Mo）
Monitoring 监控，检测
Mounting of PV array 光伏［太阳能电池］板安装
Mounting structure 安装结构
Mounting technology 安装技术
Moisture 潮湿
Mullion 竖框，窗门的直棱
Multicrystalline 多晶体
Multicrystalline cell 多晶太阳能电池
Multicrystalline silicon 多晶硅
Multilayer cell 多层（结构）太阳能电池
Multijuction cell 多节点电池
Muntin 门中挺，窗格条

N

Nebulosity 云雾状态，云量［度］
Nickel/Cadmium battery 镍/镉（Ni/Cd）蓄电池
Negative Greenhouse effect 负温室效应
Nocturnal re-radiation 夜间再［重新］辐射
Nominal capacity 额定容量，标定的容量
Nominal power 额定功率，标定的功率

O

Ohm 欧姆（Ω）
Optical materials 光学材料

Optical glass　光学玻璃
Open-circuit Voltage（V_{oc}）　开路电压
Optoelectronics　光电子学
Orientation and inclination of collectors　朝向与倾角
Overcharging protection　预防超（负）载，预防过量充电
Overhang　外伸，伸出
Overload capability　过量充电容量[能力]，超（负）载能力
Overvoltage protection　预防超（电）压，预防过（电）压
Oxide surface passivation　氧化层表面钝化（作用）
Oxide traps　氧化层陷阱
Ozone　臭氧（O_3）

P

Panel　面板，(太阳能电池）板
Parabolic reflector　抛物面反射器[镜]
Parallel　平行，并联
Parallel connection　并联连接
Parallel resistance　并联电阻
Parapet　栏杆，护墙
Passivate　钝化
Passivation layer　钝化层
Passive systems　被动式系统
Payback　回收，偿还，成本付清，够本
Payback period　回收期
Peak power　峰值功率
Peak watts（Wp）　峰值功率瓦数
Performance　性能，特性
Perimeter of supposed shadow　假定的阴影周长
Permittivity　介电常数，(绝对）电容率
Personal safety　个人安全
PERL cell　发射极钝化和背面局部扩散型（PERL）太阳能电池
PESC cell　钝化发射极太阳能电池（PESC）
Phonon　声子
Phonon energy　声子能量
Phosphorus diffusion　（半导体中）磷（P）扩散
Photocells　光电池
Photocurrent collection　光电流收集
Photoelectronics　光电子学
Photon　光子
Photonics　光子学，光子仪器

Photon energy　光子能量
Photosynthesis　光合作用，光能合成
Photovoltaic（PV）　光伏，光生伏特
Photovoltaic（PV）array　光伏板，光伏阵列
Photovoltaic（PV）cell　光伏电池，太阳能电池
Photovoltaic（PV）generator　光伏发电机
Photovoltaic（PV）module　光伏电池组件
Photovoltaic（PV）panel　光伏电池板，太阳能电池板
Photovoltaic（PV）principle　光伏原理
Photovoltaic（PV）string　光伏电池串
Photovoltaic（PV）system　光伏系统
Photovoltaic（PV）systems of concentration　聚光光伏系统
Planning responsibility　设计［计划］责任［职责］
Plug and socket　插头与插座
Point contact cell　点接触太阳能电池
Polycrystalline　多晶
Polycrystalline cell　多晶太阳能电池
Polycrystalline silicon　多晶硅
Poisson's equation　泊松方程
Power Conditioning Unit（PCU）　电力调节系统
Power conditioning equipment　电力调节设备
Power density　功率密度
Power factor　功率因子［因数］
Precipitation　沉淀（作用，反应），沉积（物）
Prefabricated Materials　预制 材料
Primitive cell　初级电池，原始电池
Product　产品，制成品，（乘）积
Protection measures　保护测量，防护测量
Protection class　保护等级，防护种类
Public housing　公（共）屋（村），公共住房
Pulse Width Modulation（PWM）　脉宽调制
PV module　光伏板
PV roof　光伏屋顶
PV tiles　光伏瓦
PV system　光伏系统
Pyranometer　日照［辐射］强度计，太阳辐射仪

Q

Quality factor（Q factor）　品质［质量］因数［因子］
Quantum efficiency　量子效率

Quasi-Fermi level　准费米能级

R

Radiation　辐射，发光［射］，照射

Radiation coefficient　辐射系数

Radiation diffuse　散射，漫射

Radiation losses　辐射损失

Radiation threshold　辐射阈值

Radiator panel　散热器［片］

Raman scattering　拉曼散射

Randomizing schemes　随机方案［设计］

Rayleigh scattering　瑞利散射

Received energy　接收到的能量

Received radiation　接收到的（光）辐射

Recombination　复合

Reflectance　反射率，反射系数

Reflection　反射

Reflector　反射器，反射镜［板］

Reflectivity　反射性［率，能力，系数］

Refractive index　折射率［指数］，折光指数

Regulator　调节（整）器，控制器

Regulatory　规章的，管理的，调节（整）的

Relative humidity　相对湿度

Reliability　可靠性，安全性

Remote　遥控，远距离，偏远

Reproducibility　（再生产）重复性

Resistivity　电阻率［系数］，稳定性

Responsibility of installer　安装工人的责任［可靠性］

Right to the sun　太阳的右侧［面］

Roof　屋顶，楼面

S

Safety issues　安全问题

Safety regulations　安全规则［章程，条例］

Saturation current density　饱和电流密度

Screen printing　丝网印刷

Screen printed contact　丝网印刷电极接触

Sealed water collector　密封式水吸热板［器，装置］

Selective coatings　选择性镀膜，局部镀膜

Selective etching　选择性腐蚀

Semiconductor　半导体

Series charge controller　串联充电控制器
Series connection　串联连接
Series regulator　串联调节器
Series resistance　串联电阻
Shading　遮盖，掩蔽
Shadow　阴影，影子
Shed　棚，小屋，车房
Shelf life　搁置寿命，储存寿命［期限］
Short-circuit current（I_{sc}）　短路电流
Shunt controller　分流控制器，并联控制器
Shunt regulator　分流调节器
Shunt resistance　并联电阻
Shutter　挡板，快门，遮光器
Simulation　模拟
Simulation program　模拟程序
Site survey　工地［场所，位置］调查［勘测］
Skylight　天窗，顶棚照明
Sky temperature　天空温度
Solar air-conditioning　太阳能空调
Solar application potentials　太阳能应用潜力
Solar architecture　太阳能建筑学
Solar building　太阳能建筑（物）
Solar cell　太阳能电池
Solar collector　太阳能集热器
Solar concentrating parabolic mirror　太阳能抛物面聚光镜
Solar concentrating systems　太阳能聚光系统
Solar constant　太阳常数
Solar declination　太阳（光）倾斜［偏角］
Solar design principles　太阳能（建筑）设计原理
Solar distillation　太阳能蒸馏（作用）
Solar energy economic data　太阳能经济数据［资料］
Solar engines　太阳能发电机［发动机］
Solar engineering　太阳能工程［技术］
Solar engineering materials　太阳能工程材料［物质］
Solar flat roof elements（SOFREL）　太阳能平顶元件
Solar fraction　太阳能利用系数
Solar furnace　太阳能（加热）炉
Solar gains　太阳能增益［利益，效益］
Solar generating stations　太阳能发电站

Solar houses　太阳房
Solar mass　太阳质量
Solar domestic hot water　太阳能家用热水
Solar economic return　太阳能经济回报［报告］
Solar estimation of demand　太阳能需求评估
Solar insulation　太阳能隔热［绝缘，保温］
Solar collections and storage　太阳能收集和储存
Solar installations　太阳能系统［装置］安装［装配］
Solar ponds　太阳能（游泳）池［水池，水库］
Solar radiation　太阳能辐射，太阳光
Solar radiation of clear sky　晴天太阳光［能辐射，光照］
Solar spectrum　太阳光谱
Solar thermal power generation system　太阳能热动力发电系统
Solar diffuse component　太阳能散射光部分
Solar direct component　太阳能直射光部分
Solar evaluation　太阳能（量）评估
Solar intensity　太阳光强
Solar radiation received on a plane　一个平面上接收到的太阳能（光）
Solar stills　太阳能蒸馏（器）
Solar energy balance　太阳能平衡
Solar water heaters　太阳能热水器
Solar water pump　太阳能抽水机
Solar added heat pump　太阳能辅助热泵
Solstice　春［秋］至
Space cell　宇宙空间用太阳能电池
Spectral distribution　光谱分布
Spectrobolometers　分光变阻测热计
Spin orbit splitting　自旋分离［分裂］
Stability　稳定性，平衡（状态）
Stacking faults　堆垛层错
Stand-alone PV system　独立［单独］光伏系统，离网光伏系统
Stand-alone inverter　独立［单独］逆变器，离网逆变器
Standard coal　标准煤
Standard Test Conditions（STC）　标准测试条件
State-of-Charge（SOC）　充电状态
Station　站，台
Stationary battery　平稳的［固定的］蓄电池
Stereographic projection　立体投影，球极平面射影
Storage　储存，蓄电

Storage crushed rock　储存碎石
Storage dissolved salts　储存溶解［融化］盐
Storage gravel　储存沙石子
Storage heat induced reactions　储存热感反应
Storage variation of temperature　储存温度变化
Storage volume　储存容量
Storage-wall collectors　储存器壁（接收）板
Storage water　储存水
Stratification　储存分层（现象，作用），层（次，化）
String diode　串行二极管
Structural glazing　大块玻璃装配
Sun　太阳，日光，阳光
Sun coordinates in sky　天空中太阳坐标
Sun height　太阳高度
Sunshine hours　日照小时数
Sunshine jordan　日照锥形精磨机，日照低速磨浆机
Supplementary heating　辅助［附加］加热
Surface heat exchange coefficient　表面热交换系数
surface temperature of the sun　太阳表面温度
surface recombination　表面复合
surface states　表面态
surge protection　预防冲击
Surroundings　四周，周围环境
Switch　开关，继电器
System performance　系统性能
System sizing　系统大小［尺寸］

T

Tandem solar cell　叠层太阳能电池
Technical specification　技术说明书
Temperature　温度
Temperature dependence　温度关系
Temperature stratification　温度分层，温度层次
Termites　铅基轴承合金
Texturing　晶体结构纹理化，（制作）表面微型结构
Thermal behaviour　热性能［性质］
Thermal capacity　热容量
Thermal circuit distribution and control　热路分布和控制
Thermocouple　热电偶
Thermal diffusivity　热扩散性［系数，能力］

Thermal exchanges　热交换
Thermal function　热功能［作用］
Thermal inertia　热惯性［惰性］
Thermal optimization　热（量）最佳化
Thermal optimization of a solar house　太阳房热性能优化
Thermal voltage　热电压
Thermopile　热［温差］电偶，热电元件
Thermosiphon　热虹吸管，温差环流（冷却）系统
Thin-film　薄膜
Thin-film solar cell　薄膜太阳能电池
Thin-wafer　薄片
Tilt angle　倾角
Trade-off　折中方案［办法］，权衡，综合
Transom　横眉［窗，门顶］，横梁［材］
Total solar radiation　太阳能总辐射
Tracker　追踪系统
Tracking　跟踪
Transformer　变压器
Trickle charge　点滴式［微电流，涓流，连续补充］充电
Trickle-flow collectors　滴流太阳能板
Track of the sun in horizontal plane　水平面上太阳跟踪
Traditional materials　传统材料
Transmission factor　传输［传导］系数
Truss　构架工程，横梁
Turbulent flow　紊流
U
Underfloor heating coils　地板下加热盘管
Unit cell　单元电池，晶胞，单晶体
Usable solar energy　可用的［可能的，有效的］太阳能
User　用户，顾客，使用者
Utility interconnection　公司之间（设备）互连
Utility interface　公司之间（设备）接口［界面］
Utility requirements　公司要求
Utility-interactive inverter　公司交互性的逆变器
V
Values for optical capture cross-section　光俘获截面大小［尺寸］
Ventilation　通风（装置，设备），排［通］气
Vertical plane　垂直（平）面
Vertical surface　竖直［垂直］表［平］面

Violet cell “紫色”太阳能电池
Volt（V） 伏（特）
Volts AC（VAC） 交流电压［伏特］
Volts DC（VDC） 直流电压［伏特］

W

Wall temperature and comfort 墙壁温度和设备［舒适程度］
Wall collector of optimal area 墙壁太阳能板最佳化面积
Wall collector of south-facing 墙壁向南的太阳能板
Water collector 热水用的太阳能板
Water-filled canister 装满水的罐［箱，容器］
Watt（W） 瓦（特）
Watt-hour（Wh） 瓦（小）时
Wavelength modulation 波长调节［调制，变换］
Weather sealing 对天气［气候］密封，不受天气影响
Wind effect 风影响［作用，效应］
Wind speed 风速（度）
Wire sizing （确定）电线［缆］大小
Wind direction 风向

X

X-ray X光，X射线
X-coordinate X坐标（系）
X-Y recorder X-Y记录仪
Xenon [Xe] lamp 氙灯

Y

Yield 产出［生］，输出，产量，生产率
Y-line Y轴［线］，纵轴［线］
Y-intercept Y轴截距

Z

Zenith 天顶，顶［极］点，最高点
Zenith angle 太阳顶角
Zone （地）区，区域，范围